iT邦幫忙 鐵人賽

博碩文化

U0077652

力抗暗黑
Azure資安天使的逆襲

鮮少的Azure資安中文書,透過電玩改編融入資安25+的
安全技法,讓你更快入坑不停歇

各技法篇章的暗黑電玩劇情,讓資安不無聊
各篇章技術情境與基礎架構更有概念性了解
各篇章透過簡易實驗示範,讓你一步步走出自己的活路

葛明淞 ——— 著

力抗暗黑 Azure 資安天使的逆襲

作　　者：葛明淞
責任編輯：曾婉玲

董 事 長：陳來勝
總 編 輯：陳錦輝

出　　版：博碩文化股份有限公司
地　　址：221 新北市汐止區新台五路一段 112 號 10 樓 A 棟
　　　　　電話 (02) 2696-2869　傳真 (02) 2696-2867

郵撥帳號：17484299　戶名：博碩文化股份有限公司
博碩網站：http://www.drmaster.com.tw
讀者服務信箱：dr26962869@gmail.com
訂購服務專線：(02) 2696-2869 分機 238、519
（週一至週五 09:30 ～ 12:00；13:30 ～ 17:00）

版　　次：2021 年 3 月初版

建議零售價：新台幣 500 元
I S B N：978-986-434-741-4（平裝）
律師顧問：鳴權法律事務所 陳曉鳴 律師

國家圖書館出版品預行編目資料

力抗暗黑：Azure資安天使的逆襲/葛明淞著. -- 初版. --
新北市：博碩文化股份有限公司, 2021.03

　面；公分

ISBN 978-986-434-741-4（平裝）

1.資訊安全 2.網路安全

312.76　　　　　　　　　　　　　　　110003165

Printed in Taiwan

歡迎團體訂購，另有優惠，請洽服務專線
博 碩 粉 絲 團　(02) 2696-2869 分機 238、519

推薦序

　　雲端平台的出現掀起一波科技革命，對 DBA、硬體管理一無所知的科技人，也能管理高級服務，簡直是件奇蹟。然而，魔法般的效果，背後是無數技術的累積；過於便利的方式，則容易讓初學者不知不覺忘記資安的問題，導致發生讓公司造成巨大虧損的事件。

　　針對這問題，由 Gary 多年在雲端 Azure 的經驗專家，藉由故事敘述、簡潔明瞭的圖文方式，帶領讀者學習 Azure 的資安絕技：AzureAD、FrontDoor、Azure 阻斷防務攻擊、商業持續性災復、AzureDDoS 遙測、Bastion 堡壘方案等。

　　像是第 7 章其中一節，作者就點出常被人忽略的靜態文件明碼問題，教導讀者如何利用 Azure 將各式文件做 Encryption，接著搭配 SAS 快速架設「限時存取」、搭配 AD 做到「分組權限」管理，環環相扣的組合拳，甚是精彩。

　　最後，近期微軟宣布在台灣建置 Azure 資料中心，並在台灣的持續投入資源，不難感受未來勢必會帶起一波 Azure 相關職缺。讀者們可以提早學習做好準備，期盼大家能早日一起加入 Azure 的行列，領略其架構之美。

HCT Manufacturing One

IT 經理 林暐翰 謹識

前 言

◇ 葛瑞開場

　　沒有各大領域中活耀的知名人物，也非少年得志能力值爆棚，就在某天第 11 屆的 IT 邦得獎名單中，出現了自己的名字，而開啟一扇新的大門，有這麼一個知名的技術分享平台，讓技術同好沉浸在這舞台彷彿世界是平的，人人都可以盡情發揮自己熱愛喜好的東西，拋下是否曾經擁有披金戴銀的輝煌經歷，只需要專注投入自己喜好的事物上盡情揮灑。

　　眷村長大不愛讀書，到國小畢業才來拿過一次進步獎，連最簡單累積點數換得好寶寶獎狀，直接兌換陶土捏麵，所有小考大考的高分動力，只為換得 BB 戰士模型組合包，生平第一次對全校師生在晨會時廣播演講，有種淡淡的哀傷！

　　不愛讀書外加上家中經濟並不理想，雙重問題而萌生投身軍校的想法，開啟了一連串飛機修護的幻象之旅。高職時期「改名」是一個轉淚點，讓原來隨波逐流、不爭的性格開始出現了一點狼性，在高三上的一次期中考，記得考科夯部嘟噹加起來有十科之多，全期班約略三百位的同學，每次的成績放榜倒也稀鬆平常，只是在最右上角為名次依序為第一名，第二名，咦！第三名是哪位，同學議論著，咦！快舉手承認吧！這人好像就是我，之後雖然仍維繫一定的成績水準，但每次老師交辦的功課任務，好死不死的先鋒就落所謂好學生的標籤身上，老實說真不是件好差事。

　　在幻象飛修服役，卻在軍旅開啟資訊補習與課業進修大門，想讀個正統科大但每年任務移防常讓功課延宕，看學長當借鏡就知道了。綜合評估下來假日班比較適合，開啟了三年完成空中大學，退伍一年考取世新資管碩專，但又因新工作環境正起步，對於喜好虛擬化世界的熱誠，為了能好好把玩 Citrix 而又放棄碩士的機會，我的毛發現還真不少啊！一轉眼五年過去了，但一個因緣際會下，開始就讀泛亞國際教育中心 HEC-Liege EMBA 國際學程，雖然少了點洋味，但除了十科的課程作業報告外，永遠不缺小組討論、個案分享以及大魔王

同等論文的商戰模擬演練，還好小組成員超給力，從公司虧損到賺錢還拿到團組第一名，最後也是讓學歷章程終於畫下里程碑。

興趣看似不少，但還真的都是跑龍套的，如游泳、自由健身、詠春、路跑、101登高、爬山、投籃機、閱讀、咖啡、電影、寵物或來點小酌微醺，有時愛熱鬧但也很享受獨處，反正雙子性格動靜皆宜，還蠻自在的。

看到此書的你／妳，可能會好奇本書的人設故事是哪裡蹦出的靈感這樣旋轉人家，那可就拜了軍校時期，算一算應該有泡了一兩年網咖所賜，舉凡當時很夯的遊戲：魔獸爭霸、星海爭霸、紅色警戒二、世紀帝國及暗黑破壞神二，這可都是當時跟同學熱血對戰的渾沌卻美好的時光，這次挑戰資安主題突發奇想開啟了過去的記憶鑰匙。

隨著時間心境推移，座右銘也一變再變，一個平華無實而帶有幾分真實的一句話，一直深深打動自己，放入自己的座右銘口袋第一順位名單中，「成就並非流星，唯有堅持不懈的人才值得真正擁有」，分享給有緣的讀者們，堅持自己的目標向前看就對了。

◈ 個人認證勳章解鎖

Microsoft Azure Security Engineer Associate / Azure Solutions Architect Expert / Azure Developer Associate / Azure AI Fundamentals / Azure AI Engineer Associate / Azure Data Fundamentals / MCP / MCSA / MCITP / MOS / SASE Expert, Level 1/ Docker Certified Associate / Google Cloud Architect / Google Analytics Individual / LPIC level 1 / Citrix CCA / CCAA / CCEE / VMware VCP 5 / NetApp NCDA / 中華專案管理協會 NPMA / 台灣金融研訓院 Basic Test on the FinTech Knowledge / 全民財經檢定 GEFT / 英國咖啡調配師 City & Guilds International Award in Barista Skills (Merit) / 比利時列日 EMBA i-Business Game 團體組冠軍 / 第 11 屆 IT 邦鐵人主題賽資安組冠軍。

◈ 心靈雞湯

軍旅加上出社會在資訊業界已經超過十七年的時間，經驗資歷不算豐富，人來人走倒是已經習以為常，每個人都有依循自我的生存方程式，無論是硬實力

或軟實力的展現占比，各各都有發揮淋漓盡致的翹楚，探索自己並聽見自己的內在聲音很重要。技術能力、業務手腕、團隊組織，靠單一高占比的特質，相信都能讓自己的工作及格，但無法乘數成長。就如同投資股市，單就只仰賴基本面或籌碼面或技術面，是無法把一個局走好的，短勢也許贏過高風險，但人生還很長，當技能點長出的越全面，將會有更多意想不到的結果，每天都要逼自己進步一點點，跟大家一同共勉之。

◇ **本書適合的目標讀者**

- 曾經或新窺探的暗黑玩家踏入雲端世界。
- 已使用 Azure，想植入安全意識晶片。
- 個人求知或公司任務，上雲的安全評估基準。
- Azure 遭逢資安滑鐵盧的鬥士。

◇ **透過本書，讀者可學到什麼？**

如果公司想要考慮 Azure，透過對資安意識的提升，無論對雲端服務上的應用或心中知識的萌芽，都能輔以讓個人或公司在規劃雲端安全上面，能啟發出更多的想法，讓專案品質更為完善。

另一方面也可用 Azure 這道尺作為基準，以更客觀的視角面對其他品牌的公有雲服務安全性，透過什麼樣的工具或設計思維能截長補短，更為清楚的視角來比較其安全性的利弊。

很多技能從傳統數字作基準，零到六十的成長曲線是最容易滿足成就的，有時把自己學習到的資安知識，透過按需付費當作小額投資，無疑是更輕鬆搭建自己的夢想資源，勾勒出雲端資安情境的藍圖出來。

一旦慢慢開始累積出一些雲端平台服務，在應用上注入以資安面向為體現的實務經驗，相信書前的讀者們，也可以著手開始啟航，當個小小雲端資安擺渡人。

目 錄

|CHAPTER| 04 中間章程前傳：平台安全

|CHAPTER| **05 中間章程後傳：主機安全**

|CHAPTER| **06** 最終對決：資料安全

CHAPTER

前哨戰介紹

1.1 世界之石永恆之爭的緣起

1.1.1 永恆之戰的緣起

永恆之戰，一場爆發於遠古時代的一個傳說故事，天使城中有著一座古老的長老神殿，這宮殿下封印著幾千年的歷史，一道道從岩縫中以飛快的光速，散射出一道道的光芒，真的讓人格外耀眼奪目。好奇心驅使下，從岩縫中窺探到了一座寶藍色紋理分明的巨石，不斷的閃耀著。

所有故事的緣起，因為這座巨石擁有了神奇異次元能力，因為它，讓人類世界與魔神之間的距離變得更近了！當這樣強大法力的助燃之下，讓兩個原本平行世界走進十字交叉交疊時，想當然往後的故事變得不再平靜，而後人回憶起這樣的曲折時，記憶點都圍繞著這座神秘的巨石，世人們稱它叫「世界之石」。

世界之石穿梭至現今，傳說中在這裡潛藏了一把解除封印的鑰匙，裡面刻印著正邪兩派從古至今大小戰役的歷史事蹟，與之左右關鍵成敗的秘寶符文手札。

來自地獄的鬼神從創世之初，一直持續到現代的今天，費盡千方百計，就是想要爭奪佔據這座世界之石，傳說只要是能獲得這座巨石，得到解鎖就能完全掌控讓整個世界都成為魔域，當然這也包含的世界占比最高的物種「人類」。說到底，面對這樣虎視眈眈的魔神，人類為何仍就可以過著高枕無憂的平和生活呢？

沒錯，因為巨石一直都仰賴城上天使各施其職的默默守護著，守護的過程其實並不平靜。這場大戰持續了無數世紀至現今，而世界之石的控制權就在攻防兩端的過程中差點易主。

地獄鬼神穿梭至現代化，早已華麗轉身成擁有電腦犯罪組織的駭客軍團，攘外必須安內，守護天使的精神必須不斷的傳承下去，幻化成現代化的資訊安全意識，避免受到無數種詭譎多變的攻擊手法，成為駭客眼中的待宰羔羊。

　　為了維護人類世界的和平，正義的大天使們長期與魔神持續抗戰狀態下而心力交瘁，這都是需要保有強大的心理素質與信念，然而這樣的榮景也開始慢慢褪去、不再美好，對於長老考尼特的內心世界，早已厭倦了守護人類和平的使命，想要自封為王，開始暗地裡背叛自己的國度，緩緩地算計著嚴加監管的世界之石。

　　暗自慫恿一群厭倦保護人類使命的蝦兵蟹將與地獄小魔裡應外合，掠奪能統治這個世界的巨石，藉由改變世界之石的振頻與次元排列組合，讓整個世界都變為魔域所有，成為萬王之王。

　　除了原本的內憂紛擾，在外患方面，暗黑魔域中的五大魔神也緩緩甦醒，開始盤算著如何攻打天使城，進而掠奪世界之石，以完成統一世界的大業。

1.1.2　暗黑魔神作亂資安事典

　　回顧 2019 至今大紀事看看魔神對地球上的人類做了哪些無法彌補的憾事[1]：

- 朝鮮網路攻擊最高竊取 20 億美元。
- 駭客成功用 AI 語音身分假冒騙到 24 萬美元。
- 漏洞讓勒索軟體大規模入侵醫療院所，受害機構達 22 家。
- FB 社群平台弱化，高達 4.19 億筆電話個資遭非法人士利用。
- 某汽車雲端資料庫未鎖，洩露上億全球員工電腦，造成資料威脅。
- Snatch 變種勒索以電腦安全模式開機躲過防毒偵測，肆虐企業。
- 採礦殭屍 MyKings 將惡意程式藏泰勒絲照片，讓中國、臺灣和日本成災。
- 駭客掃描網路 Docker 植入挖礦程式，並留下後門準備伺機而動。
- Totolink 等多家無線分享器存在漏洞，已遭駭客鎖定駭入 VPN 作為跳板。
- 台灣某 PCB 大廠公告部分系統遭病毒感染。
- Google 網站流量分析工具遭駭客透過網站交易側錄接收外洩資料。

---

[1]　資安事件均參考資安相關網路新聞節錄。

- 歐洲最大民營醫院管理及醫療品經銷商遭勒索軟體攻擊。
- 國內多家主機託管商遭疑似來自本土 DVR 僵屍網路 DDoS 攻擊。
- Go 語言撰寫新蠕蟲，鎖定 Windows 與 Linux 散佈挖礦程式。
- T-Mobile 資料庫被駭，20 萬用戶電話號碼外流。

1.1.3　光明與黑暗人設介紹

▌表 1-1　魔王人設列表

角色	魔王名稱	攻擊技能
懊惱女王	安達瓊斯	網路攻擊
苦難之王	嘟希爾	身分假冒
懼怕之王	亞拉狄波	平台弱化
怨恨之王	默托奇尼	漏洞入侵
殺絕之王	八邁頓	資料威脅

▌表 1-2　天使人設列表

角色	天使名稱	防禦技能
信念天使	普瑞斯特	網路安全
命途天使	瑟西尼	身分安全
智謀天使	亞瑟拉瑞	平台安全
渴望天使	奧岡絲	主機安全
仁義天使	泰尼伯爾	資料安全
搖擺天使	考尼特	叛變
鐵血天使	艾布拉頓	援軍

1.1.4　篇章旅程

　　戰爭的號角已經開始緩緩升起，無論是內憂還是外患，都將會是一場硬仗，我們必須要建立好強大的心理素質，捨我其誰的純正心態，好好來守護我們的家，維護世界和平。

　　下個篇章我們將會進入到抗性符文新篇章，繼續探索未知，在這十分艱鉅的挑戰旅程中，分初始篇章前傳與後傳、中間章程前傳與後傳以及最終章共五大類。

　　擷取了二十五項資安技能點，有的篇章內容延伸性很多，有的抓出功能作為技能篇章，實際上每個資安面向對應的方案都是非常深入完整，非本書在短短兩百多頁可以說完，但目的是希望讓每個資安知識點，無論想法思考或實際應用都會是一個靈感敲門磚，之後還需要不斷扎根資安知識，配合不斷更新的官方技術白皮書，讓原來萌芽的安全技術更為完整透析全貌。

　　希望透過一個個關卡上的引導，慢慢理解 Azure 資安上對應的情境應用，進而更深入的探索，打造符合自身或公司的資安價值。好了！讓我們開始來一一解鎖技能，保衛世界之石，即刻救援吧！

　　為了平衡書中篇幅，Azure 安全公有雲介面環境變化也快，故每個章節主題任務不同，會以關鍵設定、目標任務或文字描述來呈現對測試結果的詮釋。目的仍舊是希望把 Azure 平台以及相關延伸的安全性呈現出來，讓需要的讀者無論是考慮上雲、已經上雲、其他雲端平台的移轉或雲端平台的安全方案比較，都能在讀者心中種下一顆資安的種子，藉由有限的知識篇幅，能有更多的發想與深入研究應用。

1.2　Azure 資安抗性符文

1.2.1　回到 Security 的初心

　　如果說這世界沒有這般紛紛擾擾，則實在無須特別明定「安全」二字，這番最純粹的必要價值。其實我們一直都只需要一個安居樂業的和平生活，但現實中無論有形或無形的體現，一直是不斷圍繞在我們生活中，從社區保全，地區警察或反映個體到家庭的無形人生保單，往往都與人性背道而馳。

　　世界上有七十億以上的人口，一個人就是一個人心的個體戶，在一齣我們與惡之間的距離重新定義了善與惡，世界上沒有非黑即白的東西，完全取決於情境及反應當事人價值觀做最終決定。反映了上述事件，創造出了善與惡的光譜來做呈現，可能上一刻世俗世界中，被看見了所謂的好人，但在下一刻可能某個事件的觸發，而成為了這個世界中的惡人。

　　如果我們把上述人性的觀念，套用到資訊安全的面向上，平時因安全維護得宜，透過公司對資安成本的注入下，進而提升安全係數，讓原來可能潛藏的風險被壓了下來，沒發生任何事件應該是皆大歡喜，但實際並非如此。

　　沒出事、沒有風險事件的一樁美事，常被另類解讀成投資成本上的一種質疑與浪費，負面一點想，或許沒花到這筆支出，或許公司企業也是活的好好的對吧！即使風險再高，人心總會告訴自己，這種衰事應該不會這麼巧 ，剛好就降臨在自己的面前吧！

　　人類的生態圈一樣是有弱肉強食，在食物鏈的生存法則中，也許真的要依靠這樣另類思維的人，真的發生了重大情事，災難財才能大筆大筆的落入到救援投手的金手套之中，當你我身處在一望無際、酷熱難耐的惡劣沙漠環境下，即使一瓶水要價一萬，如果不成交可能就看不到明天的太陽，你們說是吧！

　　有了上一段的描述前提狀態，比喻就到此為止，我們回歸正題，首先來定義資安這個名詞，從維基百科公開定義「資訊安全」，此意簡單描述就是「為了能保護資料及資訊系統，不受未經授權而非法使用、披露、破壞、竄改、銷毀的任意行為」。

　　深入探究字詞，資訊本身區分「有形資產」與「無形資產」，舉凡實體、軟體、服務資產、文件、人員、品牌形象等非常之廣。而安全則透過主被動的方式來保存原有一切的樣貌，並使活動進行不受干擾。故資訊安全初衷就是為了避免因人為疏失、蓄意或自然災害等風險，運用一套適用各情境的管理機制，諸如政策、行為、組織架構與軟體功能本身，來確保原來資產最純粹的存在。

　　了解其定義，當我們面對這樣數位化世界時，資安能如何實際為我們帶來最純粹的價值呢？在還不清楚自己心中要的是什麼之前，最怕就是依樣畫葫蘆越

治越大洞。跳脫出泥沼，重新理清思緒，透過資安藍圖框架來一步步的慢慢勾
勒出問題所在，在最後根據多項需要修補的問題，從急迫重要、重要不急迫、
急迫不重要、不急迫也不重要的四個象限，按部就班每個階段把資訊安全的問
題給一個個風險修復，但記得安全無滴水不漏，即使現在安全也會隨著時間軸
的進步推移，讓原本的方法也不合時宜，現實來看就是不斷把安全風險指數降
低的追逐過程。

1.2.2　資安基礎框架

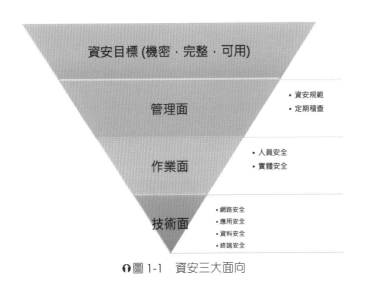

♠圖 1-1　資安三大面向

　　從上圖可以得知其最終目標指導原則，就是讓自身所有重要資產內容要完整
一致，並確保其原始資料的可用性。透過實際對指定機密文檔被賦予合規指定
的授權人員，也才能具有符合參與行動的相應資格。

　　透過管理的安全規範制定條件，以及定期稽核整體組織的資訊安全是否合乎
原則性，適時針對不合規的情事，提出缺失立即加以改善。

　　所有的制定規範，都在人員合乎原則規範的思維下，符合安全標準從一般明
顯所見的實體化實踐如：攝影機、門禁，或小到資訊設備、人員行為，都按照
作業安全標準化來一一實踐。

最後要能把所有的理想轉化為真正的實踐，就需要各種資訊面向的技術。無論是基礎建設中每個員工電腦，行動裝置連線上網或內網到公司內部系統打單，最後產出資料所需歸屬的儲存空間媒介，都是每個重要環節，從上到下透過資訊管控及人員素養來作實踐。

1.2.3　行為與作業框架

🔊 圖 1-2　行為作業框架框架示範

更深入一點來看，從管理中最為顯著常見於國際組織機構所編列出的合規性資格認證，如：英國標準協會 ISO/IEC 27001，現今雲端的蓬勃發展，造就了公有雲個資保護的國際管理標準 ISO/IEC 27018，或規範 IT 架構所發展的資訊服務策略設計、操作及改善指引的 ITIL4 Foundation 等，都有各自所屬場景環境下的規範方針，作為公司企業遵循的指標依據。

稽核面向部分也區分為「外稽」與「內稽」，根據資通的外部稽核通識項次，舉凡風管評鑑、企業資安組織、資產管理、存取控制、通訊作業或實體環境安全。而內部稽核如：資安政策的訂立、管理階層權責分工、內部人員管理或資安宣導。

「實體安全」貼近生活很好理解，常見的圍籬、錄影攝像、電眼、身分門禁等都屬實體範疇。最後「人員安全」所屬的身分授權控制最難拿捏範圍，除確認人員身分唯一性外，還要確保是否為本人，故須搭配多因素驗證 MFA，檢查

端點合規裝置設備或零信任的連線環境來決定是否給予放行，透過受限制的特權帳戶來確保行為可以被掌握，並都能留下歷史紀錄，作為日後非必要的事件調查之用。

1.2.4 技術框架

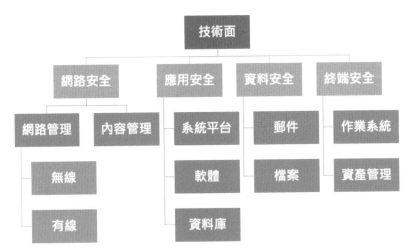

⋒圖 1-3 技術面涵蓋框架示範

最後一哩路，剛剛說過要能夠從上到下，都能遵從資訊管理的框架規範，進而達到所謂的安全，左邊依序開始：

◈ 網路安全

「網路安全」最終目的就是阻止不法人士透過網路入侵竊取其敏感資訊，進而獲取背後的利益，而無論利益是有形或無形，是金錢還是特地來搞破壞，而做出一連串網路的防禦安全措施，無論是所屬於軟體式或硬體式。

◈ 應用安全

「應用安全」讓現代的企業漸漸開始倍受重視，因為透過此攻擊管道行為，行兇得逞常來自於應用服務本身的安全漏洞，無論是作業系統平台、前端存取、軟體源碼、封裝過程或後端資料庫本身，都會有很多潛在的問題，但平時

功能上線並無法察覺的，故會需要更多，除了阻擋來自於外部在面對應用服務的攻擊，或是內部軟體檢測上的分析監視。

◈ 資料安全

「資料安全」就牽扯到機敏、完整與可用性，三者元素缺一不可，進而保障整個商業核心價值，資料文件加密或磁碟加密本身所屬立即性的保護，而資料傳輸過程是以一個加密型態的方式作呈現，人與人之間的電子郵件通訊往返時的郵件安全過濾門神守護、最終的資料價值，透過備份備援保護機制，讓損失風險降至最低。

◈ 終端安全

「終端安全」也稱為「端點安全防護」，就是用戶端電腦連線往返間受到保護的過程。舉凡電腦 PC、NB 透過進階的智慧端點防毒，識別每次的連線存取的狀態是否異常，進而對事件狀態適時給予有效的建議與回應。而平板、手機或其他手持行動設備都透過裝置安全 MDM，來做非常精細的安全原則防護，以符合自身公司環境作業流程與組織文化中的規範，將風險頻譜降至最低。

1.2.5　CompTIA Security 透過 Azure 安全實踐

CompTIA Security 無論在管理與技術知識體系上，國際化所公開認證的標準門檻，都會是一個不錯的知識內化標準入門首選。

本身符合 ISO 17024 人員驗證標準，也就是人員能力必須符合一定的條件標準，均以整體方案來取代一般常用單一功能思維。並且也經美國國防部核准，同時符合 8140/8570 所有全職、兼任的軍方單位、約聘及聯邦政府公務人員，依工作性質內容賦予此資安認證的通過要求。

另外先不論各家產品林立的所屬資安認證，國際間知名的中立型認證，都會在初次踏入安全領域中有不小的門檻，無論是投資自己的認證考照成本，相關資訊安全實務工作經驗資格以及維持認證資格所需的會員保護費。

在綜合上述的條件下，Security+ 認證也是國際認可的一種中立證照，且無需上述的考照條件。發證機構為美國計算機行業協會 CompTIA 與 ISC2、ITIL、EC-Council、Offensive Security 等在內資安機構也都並列熱門認證之一。

整理 CompTIA Security 大綱單元如下：

確保網路攻擊者制定網路和主機攻擊策略與防禦部署對策。

了解組織安全性原則和有效安全性政策。

了解產品技術加密標準。

基於網路和主機安全配置技術。

如何實行無線遠端存取安全性。

用於加強Web和通信技術的安全標準。

確保業務連續性，容錯與災難復原政策。

應用程序和編碼漏洞並確保緩解漏洞開發和部署方法。

∩圖 1-4　CompTIA Security 綱要

希望能夠透過 Azure 平台所屬情境下相關安全主題來類比 CompTIA Security+ 課綱，進而提升內化自我，培養出資安的興趣。

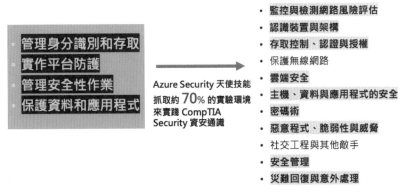

管理身分識別和存取
實作平台防護
管理安全性作業
保護資料和應用程式

Azure Security 天使技能抓取約 **70%** 的實驗環境來實踐 CompTIA Security 資安通識

- 風險評估
- 監控與檢測網路風險評估
- 認識裝置與架構
- 存取控制、認證與授權
- 保護無線網路
- 雲端安全
- 主機、資料與應用程式的安全
- 密碼術
- 惡意程式、脆弱性與威脅
- 社交工程與其他敵手
- 安全管理
- 災難回復與意外處理

∩圖 1-5　資安項目匡列實作範疇

能否抵禦魔神，強大的符文抗性尤其關鍵，就讓我們開始進入篇章修鍊吧！

1.3 Azure 資安關卡技能樹

1.3.1 基本駭客軌跡

一個事件從初期萌芽到進入尾聲終結，都有它一貫的媒介途徑，暫時把人為疏失的因子拋開，像是近期資安事件中，未經允許擅自用 USB 隨身碟造成中毒的事件之外，非常高的機率都從網路的世界開始發起，駭客在開始攻擊前一定會有五階段的軌跡依序進行。

起手式任務從動機偵查開跑（Reconnaissance），透過工具方法執行掃描（Scanning），篩選需要的結果（Gaining Access），並取得真正能做事的有利權限帳號，一旦獲取到身分就可以開啟控制（Command & Control），試圖完成攻堅的目的任務。然而，在結束完事後總要清除軌跡（Clearing Tracks），讓案發現場看起來乾淨透亮水無痕。

我們透過以下流程來進一步加深整個過程脈絡：

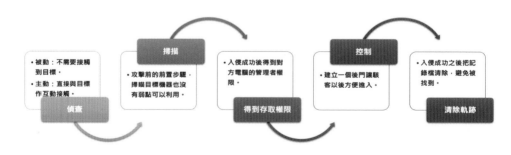

● 圖 1-6　駭客軌跡基礎流程

一旦能掌握了解駭客的攻擊，透過基本的五個犯罪階段，進而完成其目標任務，而回歸到面對重要資產的本質，想必大家的觀念並不會隨時敞開大門，讓

人輕易的完成犯罪行為。當數位類比為生活日常時，就可以輕鬆將整個資安血液融入到你我生活之中。

　　數位服務的本質，無論在生活上有多麼好的服務體驗，科技應用有多麼的花俏目眩，但其背後不過就是那些冰冷的 0 與 1 世界。人工智慧、巨量數據收集、感測器萬物聯網、智慧輿情分析或社群、影片或購物等各種個人化的推播體驗，但其背後最終都脫離不了，需要一個避風港使應用服務可以寄生。

　　而這樣的收容住所，被資料服務佈滿全身的環境，說穿了就像極了作業系統、系統本身還是要依附在一塊空間之中，而空間範圍身處在一棟大樓內，大樓就好似一個平台。

　　我們重新順過這樣的流程關係，服務資料都需要像作業系統的環境來寄居，而作業系統本身只是個租戶，隔間還是需要放在一棟大樓之中，這大樓就是平台。

　　這一切的服務價值都來自於用戶，只要有人就要有個身分，故身分正確的唯一性就非常重要，最後從大樓門口向外做延伸。無論家庭到社會都需人與人間相互產生供需的真實連結，大家身處各方，要實際聯繫都需仰賴道路。

　　此道路就是網路，道路上不分你是男是女是老是小、是好人是壞人，又或是假裝壞人的好人、假裝好人的壞人，是不是都允許有所謂的路權，和網路的邏輯是不是很像，只是網路世界的數位虛實對比成生活，希望沒有資訊背景的讀者也可以輕鬆理解。

1.3.2　解封關卡路徑

　　理解上述觀念後，我們一步步開始完成關卡任務，一般最基本會由外而內開始盤點，例如：生活中很常見的縮影，夜晚的道路如果沒有明亮路燈，而讓路上看去一片漆黑，這時候如果剛好有不法之人，也可能起心動念而加深了此刻的犯罪動機。

起初最入手的解法就是讓道路亮起來，開始在各路口裝上監視器，最後回到家裡的大廈也應該有警衛、門禁、圍牆等，回到家中場景，不會只是把家裡的貴重物品金錢單純置入保險櫃鎖起來就安全了，但是卻忘了家中大門原來沒有鎖，又或是有鎖，但只是個老舊喇叭鎖，而銅板一轉就開了。

故解封途徑的個人想法設計，會從網路開始著手就是這個道理，關卡路線依序會從標準的網路開始發跡，網路通了才可以有機會識別身分，進一步混入平台，走入後門到作業系統主機，最後找到目的服務資料。

1.3.3　跟著天使解封資安技能

從下圖中我們看到，這是五大長老天使各自所擔綱的資安技能大絕範疇：

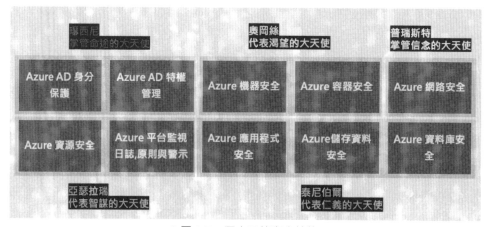

♪圖 1-7　五大天使資安技能

從下圖天使城戰技的左下角 Start 開始，一步步解鎖天使技能，往右上角 Finish 的大門來邁進。

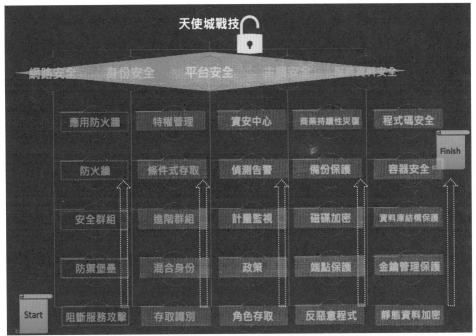

●圖 1-8　天使城關卡戰技

　　每解封一個技能，就讓自己更為強壯，讓魔神不敢越雷池一步，加油吧！鬥
士們，一起捍衛家園。

CHAPTER

初始篇章前傳：網路安全

2.1 技能解封初始篇章：分散式阻斷洪流攻擊防禦 Azure DDoS

2.1.1 故事提要

◈ 龐然大霧的壓降

天使城就在某日正午十分突然天色暗了下來，天空一片迷霧灰暗但又時不時地感覺到一股壓降緩緩朝向城中前進。這時一股說不出令人窒息的龐大氣壓讓整個城內籠罩，沒錯，就是安達瓊斯大軍入境，而就在這時，城中裡裡外外的通訊聯通也突然間失去信號而中斷，以至於延誤了通報各大天使的備戰導致停擺。

對外連線的站台失去以往暢通的服務回應後，就在短短數分鐘的時間，連帶對外的防禦機制也跟著失效，城內因為護城結界暫時失效，而處於赤裸裸的危險處境之中。

就在這時結界中斷後的數分鐘，也自動開啟了另一道通往無盡地洞的第四度空間，讓這巨量的邪惡能量被導引到此無盡空間中，而隨著邪惡能量消失後，通訊與結界也恢復了。沒錯，當我們意識到可能非善類如洪水般殭屍連線，緊接其他重要服務也接二連三被迫中止服務。猜得沒錯，我們被「D」oS 攻擊了。大量的洪流壓降攻擊，回到人類聽得懂的代名詞「分散式服務阻斷」，讓我們接著看下去。

2.1.2 應用情境

當你我正在思考 DDoS 的應用時，與其說是應用，不如說是一種痛，一向對外運營的重要服務，也許是正在金融交易、打寶打怪、線上賭博或網站購物，就在這時開始異常緩慢，網路時不時會連接錯誤、長時間存取網站服務遭拒、伺服器易卡頓等上述徵兆，這不僅僅只是事件表象，而是連帶的嚴重影響到以下三個重大問題：

● 遭受 DDoS 攻擊導致服務中止，讓客戶對公司品牌埋下不信任的種子。

- 網路中斷直接讓客戶線上交易終止，造成公司營收甚至賠償的巨額損失。

- 初次客戶就有不好的消費體驗，還尚未成交就已經划水逃離，早已交易的顧客客訴到底。

　　掩護實際想要竊取資料行為，實而以 DDoS 作為幌子，暴露出無資安意識的系統架構，進而予取予求。上述條列其實就是為了四個字「商譽」以及「獲利」外，還有企業責任所背負數百數千員工家庭的經濟中樞。故在符合上述情境或未來成長中的公司服務，都應該提早佈局 DDoS 的防護安全機制，避免事情發生才要修補，回歸現實面，資安防護的錢還是要花，而商業損失也無法弭補。

2.1.3　基礎架構

- 透過下圖清楚可見，一般 USER 用戶流量平時正在瀏覽存取網站上給予的資訊內容，進行友善良好的互動性流量。

- 一股 Attacker 攻擊流量非法勢力開始控制大量的 Zombie 殭屍電腦，並開始訪問存取此網站，而這樣的惡意流量同時也都流向了目標網站。

- 最終判斷為惡意流量時，啟動 DDoS 防護機制，進而讓惡意與正常流量都進入到清洗階段做流量過濾分析。

- 最後恢復正常，讓一般用戶的正常流量又開始順利通過，進而讓用戶與目標網站能持續性的瀏覽互動，讓服務恢復正常運作。

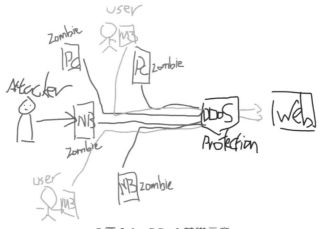

⋔圖 2-1　DDoS 基礎示意

2.1.4　知識小站

◈ Azure DDoS 遙測、診斷與警示關係

Azure DDoS 標準層透過對 DDoS 攻擊分析來提供更詳盡的見解。保護虛擬網路對外所屬的公用 IP，降低受到攻擊時的風險，並了解其惡意流量。

透過遙測、監視 DDoS 攻擊期間的詳細計量，利用警示來主動對所監視的 DDoS 計量做通知行為，並進一步把診斷紀錄收集到儲存體中，最後階段可以整合 Sentinel、EventHub 與 Log Analytics，來做更多深入的 DDoS 判讀決策之用。

同一虛擬網路中，即使有多組公用 IP，預設有三組 DDoS 觸發的封包計量指標，分別為 SYN、TCP 及 UDP，均為風控的指標措施，IfUnderDDoSAttack 則是指出是否遭受到 DDoS 攻擊的數量檢視。

各項監視閾值會透過機器學習來做網路流量分析，當超出閾值，遭受攻擊的公用 IP 會開始進行 DDoS 風險措施。診斷紀錄分別為 DDoSProtection Notifications、DDoSMitigation FlowLogs 及 DDoSMitigationReports，透過收集紀錄資訊並主動告警遭到攻擊或脫離風險，而 DDoS 攻擊期間的流程紀錄，透過事件中樞將資料內嵌到 Azure Sentinel 或第三方 SIEM，來做更深入的潛在行為分析，並適時做預防準備。每次從攻擊到風降，以每五分鐘為基準，產生一份增量的風險報告，目的是在一個持續性的過程中，透過每次的風險報告歷程，進而了解整個完整來龍去脈。

◈ Azure DDoS 有效應變攻擊的作法

- **微軟自身的威脅情報**：透過各界具有影響力的資安社群知識，並同樣提升至微軟資安、合作夥伴及網際網路間各資安社群的技術力。透過全球用戶中所收集到的威脅情報，每次都整併更新至 Azure DDoS 服務中。而微軟也成立數位犯罪防治中心（DCU），針對殭屍網路採取進攻策略來做因應。

- **Azure 資源風險評估**：包含租用服務本身、選用層級上的功能、安全防護是否強化、作業流程安全合規性及高可用架構，以確保自身可控的風險可以降至最低。

- **客戶自成 DDoS 回應小組**：在企業組織內應有負責監督計畫與執行，面對內外部能有效溝通，以因應更為快速有效的攻擊回應，過程我們也建議透過模擬測試來做目前服務的調整因應。

- **Azure DDoS 告警通知**：能識別 DDoS 的攻擊並緩步脫離風險，當受攻擊的程度慢慢趨緩脫離險境都能收到通知，以利第一時間能掌握戰情狀況。

- **DDoS 快速回應（DRR）小組**：Azure DDoS 標準層客戶，可開立 DDoS 案件到 DRR 小組，進一步來深入協助客戶，當受到攻擊後，著手進行調查及事後的分析。

2.1.5 名詞解釋

▌表 2-1　專有名詞說明

專有名詞	說明
Distributed Denial of Service Attack	為分散式阻斷服務攻擊，就是攻擊方希望藉由阻斷目標對象，進而達到其破壞的目的性，而攻擊大多不會只有單一來源，常見一定是多台電腦作為受控端，透過受控端電腦開始對鎖定的目標服務進行大量的阻斷攻擊，進而達到癱瘓目的。
UDP floods	為使用者資料封包協定的洪水攻擊，UDP 本身是一種無須確認是否送達的不負責任協定，透過此特性，當攻擊者傳送大量 UDP 封包給目標服務系統時，透過目標的網路設備對每個小封包的檢查使設備增加負擔，而大封包則迫使受攻擊目標一旦接收到封包後，開始進行重組，以達到網路壅塞目的。
Ping of death	為目標電腦發送錯誤的 Ping 封包，讓電腦接收而崩潰。
SYN flood	TCP 本身有三方交握信任關係，當傳送方給予 SYN 請求，接收方會回應 ACK，而傳送方會再給予 SYN-ACK 作為回應確認。而此刻如果讓對方收不到 SYN-ACK，而開始讓接收方焦慮，不斷重傳 ACK 回應，讓這樣的三方交握動作不斷消耗殆盡，進而達到中斷服務目的。

專有名詞	說明
LAND Attack	透過傳送具有相同來源和目地端的欺騙封包，而讓較低防護性的目標主機服務給癱瘓。
C&C Attack	指對大量受控的電腦群，被動接收命令控制，以達到癱瘓目標服務目的，也就是俗稱殭屍電腦。
Application-level floods	針對網路應用層，大量消耗系統資源為目的，網站服務提交無限制的存取請求，以破壞正常網路服務。
Cleaning Center	為清洗中心，當流量被送到清洗中心，透過抵禦 DDoS 軟體處理後，將正常和惡意流量分離。正常流量回流至目標服務網站。讓用戶恢復正常，對網站進行存取瀏覽等合法行為。
Black hole	將大量攻擊方電腦流量，全部導流至可能不存在的 IP 位址龐大營運設備中心服務商，而這樣的行為也稱之為「黑洞」，以大幅降低網路受到更大的影響。

2.1.6　實驗圖文

◈ 實驗目標：啟用 DDoS 並透過 Breaking Point 模擬攻擊流量

預設 Azure 虛擬網路上所關聯的服務資源，都是享有基本層級的 DDoS 防護庇佑的，根據官方說法大約擋下 75% 左右的 TCP L4 網路層攻擊。

對於特定商業客群（如金融、股市證券、遊戲每秒錢進錢出），透過整合 WAF 來阻擋 DDoS 對應用服務的資源消耗，透過視覺化的計量監視，可補強現行服務架構上是否需要調整改善之處，而針對受攻擊的情勢也可以開立 DDoS 資安案件，由微軟資安團隊來協助做事件調查，並協助分析優化。

STEP 01　Azure 建立資源處搜尋「DDoS」，並顯示 DDoS 保護方案，自訂 DDoS 名稱，並選擇訂閱、資源群組與地區後，直接建立即可。

STEP 02　從圖 2-2 中❶指定要保護的虛擬網路，將「基本」調至「標準」來選擇剛建的 DDoS。而透過❷的 DDoS 作為視覺化監視，須在計量功能做設定，選擇公開 IP，主機的網路介面來作為接收資料的監視標的。

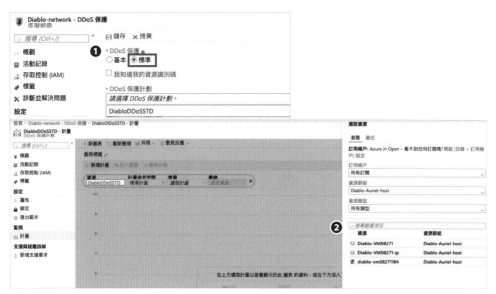

<u>STEP</u> **03**　圖 2-3 中❸度量單位主要分 Inbound 與 Outbound 流量封包類型，針對受保護資源的每個公用 IP，分別套用三個自動調整風降措施的協定類型，包括 TCP SYN、TCP 及 UDP。客戶可視需求環境選取檢視原則閾值，細節可以參考 Azure DDoS 計量參數原則說明。透過❹模擬 DDoS 行為來驗證其服務功能性。微軟與 Breaking Point 合作，透過模擬真實合法流量，無論 DDoS、漏洞或模糊測試，都可檢測網路安全基礎架構，以降低攻擊風險。

> **說明**　透過 BreakingPoint（URL https://breakingpoint.cloud/）檢測各企業安全基礎架構，降低 80% 左右的網路風險，同時防止攻擊程度提升近 70%，針對其服務關鍵，模擬約 300 個真實應用程式，並允許自訂協定操作，另外支援檢測 >=3,5000 的惡意攻擊，並同時從單一連接埠傳輸分類流量包括：合法和非法流量。最後即時更新應用協定和威脅情報，以確保用戶掌握最新的應用程序威脅。

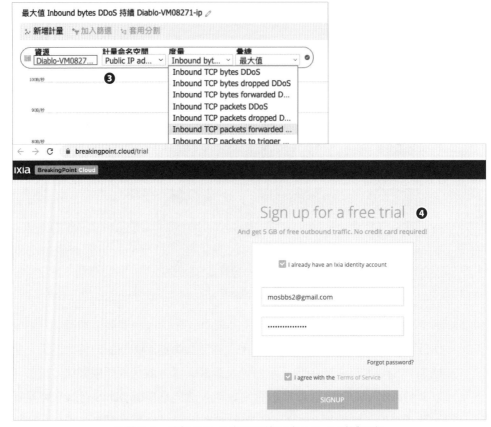

⋔圖 2-3　監視 DDoS 度量及第三方 DDoS 測試平台

STEP 04　圖 2-4 中❺免費提供 5GB 傳輸資料量測試額度，只需指定受測目標公用 IP
　　　　與 Ports、攻擊手法情境及受測持續時間。最後❻回到 Azure，針對 DDoS
　　　　監視儀表，檢視模擬攻擊流量，並檢視受測區間的確有相應封包進行處理。

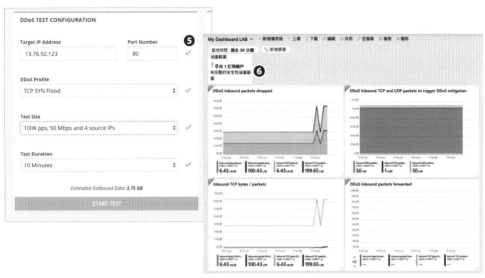

🎧 圖 2-4　第三方測試結果與 Azure DDoS 監視狀態

2.2 技能解封初始篇章：堡壘前線 Azure Bastion

2.2.1　故事提要

◈ 新星碉堡的降臨

　　為了不讓天使的聯絡中樞暢通無阻，一個新星天使碉堡部隊在非戰區中紮營，目的就是能作為第一層的管理屏障，一個個由普瑞斯特所帶領的一批部隊，一群護城天使默默堅守著崗位，不斷來回巡視著。即便時不時安達瓊斯派出他們的爪牙強攻入侵，護城天使也都堅守到最後一刻。即便無法斬殺敵人，但至少也要同歸於盡，護城天使確定自己已經無能為力，則啟動自爆光球，讓敵方也無法活著出來，將傷害僅僅留在這碉堡之中，而這樣的現實場景回到現實中，也是如此。

傳統思維至今都有所謂的非戰區這無情的沙場，一切的服務傳遞都會委由非戰區中的機器向後面真正的服務主機做連線存取溝通，資料交換不直接暴露在網路網路上。非戰區碉堡，回到人類聽得懂的代名詞「堡壘」，讓我們接著看下去。

2.2.2　應用情境

一般人常忽略在管理主機對於作業安全的過程，把家中大門鎖越換越好，卻忽略為了方便性，往往廚房後門的門閂早已不牢固，卻還不斷進出，早已讓人盯防。

平時連線管理重要系統時，大多為了方便，只要知道 IP 與帳密就可直接連進主機，但用戶電腦環境本身與服務主機的連線過程，無形中也暴露其風險，即使常用 DMZ 跳板機的觀念，但仍無法避免對外的連接通訊埠的連接以及不確定的風險環境。

一種無須開放遠端存取連接埠與 IP 位址就能管理運帷，運用瀏覽器走 TLS 加密對 Windows RDP 或 Linux SSH 安全存取所需主機系統，也禁用上傳或下載檔案的動作，大大提高安全環境，更確保主機安全性。Azure Bastion 就屬於此一類型的安全代理連線的 PaaS 服務，不需要對此做過多的管理維護或是安全更新等人力的投入。

2.2.3　基礎架構

管理維護本身需正當性，但即使有正當性，仍可能在高安全風險下，進行對目標服務主機的連線存取。有了上述的安全性疑慮後，演進到 DMZ 區的概念進行。

目標服務主機不能直接從網際網路直接做運帷管理，而需透過 DMZ 區內的跳板機來統一連線，雖然目標服務主機未對網際網路暴露，但是 DMZ 區跳板機仍舊是一台作業系統，只要這台被駭，城池淪陷指日可待，屬於中風險族群。

範例圖中只需透過瀏覽器在受限 PaaS 主機作為連線代理，無論 RDP 或 SSH 連線皆禁止所有本地端的重導向掛接，除文字命令可以複製貼上外。

管理者無論連到 Azure 中 Windows 或 Linux 都需透過合理授權範圍下，登入 Azure Portal，透過 Bastion 的安全代理連線至所屬 VM，在作業安全框架下，可更安心執行管理維護動作。

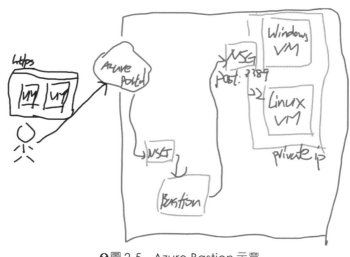

∩圖 2-5　Azure Bastion 示意

2.2.4 知識小站

◈ 可透過 Bastion 支援連線的目標

除了原來熟知的虛擬機器外，對於虛擬機器擴展集（VMSS）以及實驗室虛擬機器（DevTest Labs）也都可以支援，無須開放具有風險的的 RDP 或 SSH 遠端存取連接埠來做連線存取。

◈ 檢視 Bastion 資源紀錄與工作階段

一旦通過 Bastion 作為統一連線的來源後，所有的存取連線紀錄格外重要，可透過啟用診斷紀錄，透過指定存放的 Blob 來查看 Bastion Log，透過日月年時分做資料夾時間分層，Log 檔案則以 Json 檔呈現。屬性內容則有完整的紀錄

資訊，如：發生的時間、地區、事件、連線帳戶、來源與目標 IP 及通訊協定，進而比對查詢之用。

　　Bastion 中的刀鋒功能視窗，透過 Session 功能監視其遠端連上的工作階段，除監視外，也可對工作階段進行強制中斷連線或移除進行管理動作，與 Windows 工作管理員中用戶登入檢視狀態功能雷同。

2.2.5　名詞解釋

▌表 2-2　專有名詞說明

專有名詞	說明
Demilitarized Zone	常聽聞此名詞為非戰區，屬於一種降低連線安全風險的架構，常用於透過網際網路存取內部服務透過一道隔離網路，透過隔離層的對外主機供網際網路做存取。所以 DMZ 區的服務是可讓外部做存取的，但 DMZ 區內的後端服務是不允許的。
Bastion / Jump box	前者叫堡壘而後者叫跳板機，都是指同一種代表性的功能目的，為了不直接讓任意的需求電腦可以直接連到伺服器，而將需求連線的行為收容到指定管理電腦統一對伺服器做管理的設計。

2.2.6　實驗圖文

◆ 實驗目標：建立堡壘並遠端連線存取桌面

STEP **01**　建立資源處搜尋「Bastion」，就會看到堡壘方案。按下「建立→選擇訂閱、資源群組→選擇地區→選擇與 VM 同虛擬網路」，子網路須專屬給 Bastion，最後會綁定固定公用 IP，資訊無誤就建立[*1]。

STEP **02**　圖 2-6 中❶當 Bastion 服務完成後，日後只要連線所屬同個虛擬網路內的 VM，都可以選擇「堡壘」（Bastion），並登入目標主機的帳密資訊即可。

---

*1　即使非同個虛擬網路也可透過 Peering 打通，但不在此篇章範疇，仍以同一虛擬網路為主。

◐圖 2-6　虛擬機器連線介面

STEP 03　圖 2-7 中❷登入呈現的狀態都是透過瀏覽器，以 Windows 為例，故遠端桌面也無須對外開放 TCP 3389 增加風險性，即便是信任 IP 仍有其風險。

另外，指令常會是 IT 日常，語句很長時，重打真的是會淚奔。透過❸處可點開，這就有文字面板工具可以利用，無論是從外到內或內到外，可做複製貼上動作。

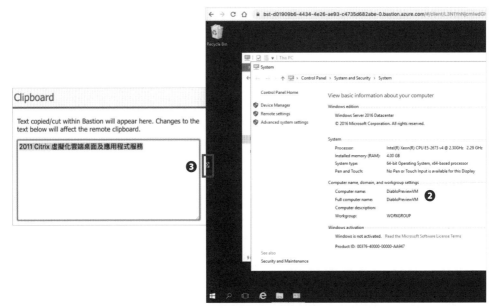

◐圖 2-7　連線成功狀態及剪貼簿工具

2.3 技能解封初始篇章：安全閘門重鎮 Azure NSG & ASG

2.3.1 故事提要

◆ 不安全的道路如何適從

在邪惡的通透世界中，普瑞斯特為了能每每順利的接收到城內外駐守天使相互交換的情資。無論是透過心靈秘法、穿透稜鏡反射術或分身跑腿小金人，運用各種方式管道，其目的都是要把重大訊息或資訊日常都能夠多向性傳遞，彼此間的戰情資訊更為透明，讓眾將可以面對不同情勢都能有政治正確的固守判斷。

有鑑於此，固守城外的各方天使開始把情資訊息根據不同的類型，舉凡夜襲、假冒身分、內亂等都由不同的小金人分身代勞，做裡裡外外的訊息傳遞，以保有原來的城門安全，又可更快讓訊息使命必達。固守城牆的分身的小金人，回到人類聽得懂的代名詞「網路與應用層安全匝道」，讓我們接著看下去。

2.3.2 應用情境

一個在雲端平台上萌芽的應用系統，總是希望可以好好的服務大眾，無論是企業內部使用或是網際網路上的廣大客群，假設大家都是善良的好公民，但現實世界並不可能如此的平和，無論是無意間或惡意的攻擊行為，可能都會對服務造成傷害。有鑑於此，防人之心不可無，我們都要有基本的網路資安防護來做因應，現實生活可能就是請個保鑣貼身保護，而虛擬世界就是由網路安全組這樣的一個元件角色來擔綱。

故在雲端上，無論是 IaaS 或 PaaS，只要符合虛擬網路的基礎架構，邊界網路安全無論是內對外、外對內或內對內，都是需要透過安全閘門來做把關，基礎的標配一定要考慮進去，無論是中心化或 Edge 端都一定需要配置。

　　TCP/IP 傳輸到 Azure 虛擬網路間，輾轉進入到 Azure 資源中，而網路篩選器「網路安全性群組」就占了舉足輕重的地位，其中最終的實際作為就是要嚴格執行安全性規則，透過嚴格訂立一條至數條規則，並搭配優先順序來給予放行或拒絕，對於支援虛擬網路類型的資源服務，進一步的流量閘門控管。

2.3.3　基礎架構

　　下圖可以看到受保護的 VM 目標與 NSG 之間的彈性關係：

- VM 可依據所租用的規格等級支援一張至多張的網路介面卡。

- 網卡與 NSG 的綁定關係是 1:1，也就是說一張卡只能綁定一個 NSG。

- 反之，一個 NSG 對網卡的關係是 1:Multi，也就是一個 NSG 是可以套用以下情況：

  - 同一 VM 多張網卡。

  - 不同 VM 各自網卡。

- 上述都不受限於虛擬子網路。

- 所以套用下圖應該就可以更清楚理解，而最後一個範例中的 VM4，沒有綁定任何 NSG，就會是高風險的資安缺口。

　　有上述觀念後，圖中四台 VM 上都綁定 NSG，分配如下：

- NSG1 套用至 VM1/VM2 開放對外 80。

- NSG2 套用至 VM3 開放對外 5100（自訂）。

- 原來未套用任何 NSG 綁定，透過 NSG3 綁定（虛線表示），僅 VM3 存取 VM4 的 1433。

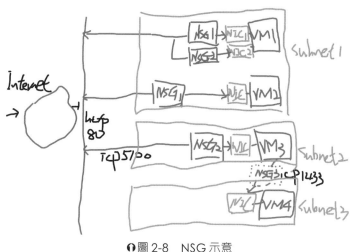

∩圖 2-8　NSG 示意

　　也許有人覺得如果上述三條規則都寫一塊，一次套用不也一樣實踐一組 NSG 對多台 VM 的願望一次滿足，但也把原來不屬於各自虛擬機器服務上開放存取或不該開放存取的都一視同仁，即便當時部分規則因為來源端有明確定義故不會生效，但也不保證架構在未來不會因為變更而發生疏漏，隨著資源服務開始日益增多，而管理不易。

　　有鑑於此，誕生了兼顧管理與安全，把套用階層從 NSG 下放到規則中，故接下來我們一樣定義 NSG1 旗下有三條規則：

- Web 80 指定 ASGWEB。

- MSG 5100 指定 ASGMSG。

- DB 1433 指定 ASGDB。

　　而下圖中四台 VM 依功能任務認領上述條列規則，即可達成安全目的。

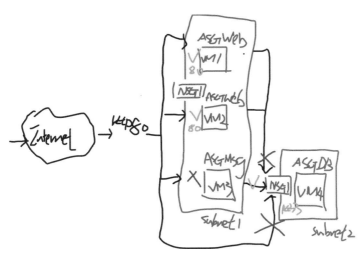

⋒圖 2-9　ASG 示意

 說明　每次新建 NSG 的預設原則如下：

▍表 2-3　NSG 新建預設規則

	優先順序	來源	來源連接埠	Destination	目的連接埠	通訊協定	存取
AllowVNetInBound	65000	Virtual Network	0-65535	Virtual Network	0-65535	Any	Allow
AllowLoadBalancerInBound	65001	Load Balancer	0-65535	0.0.0.0/0	0-65535	Any	Allow
DenyAllInbound	65500	0.0.0.0/0	0-65535	0.0.0.0/0	0-65535	Any	Deny

進入方向：外對內一律禁止，內對內主機與接收負載平衡後端集區則允許。

	優先順序	來源	來源連接埠	Destination	目的連接埠	通訊協定	存取
AllowVnetOutBound	65000	Virtual Network	0-65535	Virtual Network	0-65535	Any	Allow
AllowInternetOutBound	65001	0.0.0.0/0	0-65535	Internet	0-65535	Any	Allow
DenyAllOutBound	65500	0.0.0.0/0	0-65535	0.0.0.0/0	0-65535	Any	Deny

輸出方向：內對內主機允許，內對外上網允許，但非指定 IP 連接埠則禁止，故外對內預設是全擋不會通的，要指定開放的連接埠可以連通。

2.3.4　名詞解釋

▌表 2-4　專有名詞說明

專有名詞	說明
NSG （Network Security Group）	為網路安全性群組，主要用來篩選在 Azure 虛擬網路之間的網路流量。而篩選的過程就是靠輸出入的安全規則來做把關，來決定其資源進出的網路行為。
ASG （Application Security Group）	為應用程式安全性群組，此為邏輯性管理，透過同一 NSG 對不同的虛擬機做各自的應用分組，進而大幅提高管理效率，重複使用所定義的安全性原則。
Security Rule	為安全性規則，其中涵蓋來源與目的通訊協定，如：TCP、UDP、ICMP 流量進出的方向性、目標範圍，以及最後判斷動作是允許還是拒絕。
Service Tag	為服務標籤，原來規則都須明確定義 IP 位址範圍，而微軟把各功能服務所使用的 IP 都用標籤命名並歸類，就不用因為 IP 變動導致服務無法正常，而透過自動更新服務標籤，更容易實現服務規則進出的應用，還簡化對於網路安全規則的維護。

2.3.5　實驗圖文

◆ 實驗目標：透過網路安全信任並阻斷非信任的連線存取

STEP 01　Azure 新建資源處搜尋「Network Security Group」，就會顯示網路安全群組。按下「建立→選擇哪個訂閱、資源群組、地區」後建立即可。而 Application Security Group 與上述步驟雷同，視定義多寡獨立建立。

STEP 02　圖 2-10 中❶透過指定信任來源 IP 套用至 ASG 3389 給指定的 VM 主機，❷在這台 VM 上的網路功能去指定剛剛設定好的 ASG 群組。

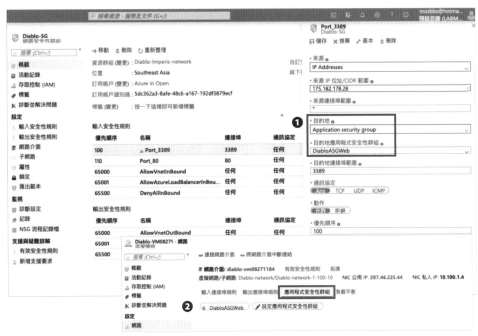

❶圖 2-10　NSG 輸入流量規則與 VM 網路的安全套用

<u>STEP</u> **03**　圖 2-11 中❸檢視 RDP 存取無誤，並確保連線的確是受信任的來源 IP。

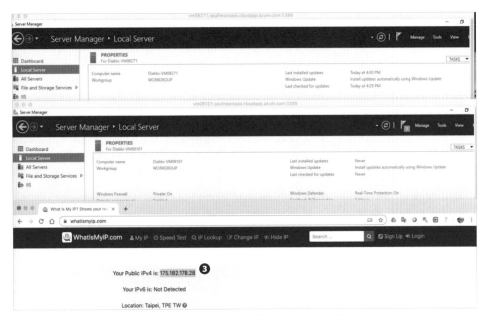

❶圖 2-11　允許信任的外部 IP 用 RDP 登入

STEP **04** 圖 2-12 中❹重新連線至其他 Wi-Fi，並確認對外公用 IP 已經不同，最後❺的確因不在所屬信任 IP 連線，故直接拒絕存取。

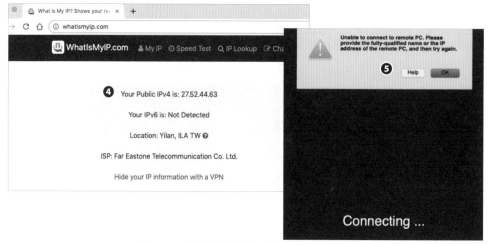

　　❶圖 2-12　　不屬於信任 IP 範圍則被禁止存取

2.4　技能解封初始篇章：對空對地的坦克巨塔 Azure Firewall

2.4.1　故事提要

◈ 第一次的內外恐攻

　　這天夜晚的星空似乎有些異象，一位長者天使在城池瞭望台上，口中喃喃自語正低估著，還沒有一刻鐘的時辰，天使城外真的開始變得不平靜。安達瓊斯又開始伺機而動，派出一群群的骷顱弓箭手向天使城強攻之外，也透過邪魔巫術讓城牆外的天使護城者，意外被吞噬了腦內自我意識，直接倒戈往天使城內緩緩移動，準備來個內外夾擊，趁勢一舉奪下世界之石。

　　眼看就快要被攻破時，突然地面劇烈搖晃，從地心竄出一座巨塔，對非善類的物種進行反攻號角，面對自家人的倒戈一一被隔離禁錮，直到施放巫術的作

蠱魔幻精靈在混戰中被斬殺後，原來受禁錮的天使慢慢恢復了意識，從腦中正常甦醒。沒錯！還好普瑞斯特多年封印的保護塔解封奏效，這即時雨來得真是時候，幸好暫時保衛住了自己的家園與最重要的世界之石。巨塔的解析，回到人類聽得懂的代名詞「防火牆」，讓我們接著看下去。

2.4.2　應用情境

網路層的安全防護已不足以從容面對瞬息萬變的掠奪世界，各種媒介訊息想當然除了正向友好的資訊外，也就會有非法惡意充斥在網路任何角落。而雲端平台中也從原來伺服器對外服務的角色，開始更多元讓用戶端的生活日常也在雲平台上進行，無論是遠端桌面，VDI 虛擬桌面架構都可能因為用戶桌面可以對外任意存取應用，而暴露其安全問題。再者，伺服器本身只需特定目的任務，常見像是面對作業系統、對官方網站的更新任務，全然開放導致破口。

故如能簡單利用進出入的一個閘道作為規則管制，就能確保內外部應用存取行為能否被允許，而不僅僅只是 TCP/IP 網路層級。雲端平台的彈性與高可用基礎建設優勢，讓公司只需專注在資安原則的封阻與放行做延伸，並輕鬆擁有監視儀表，作為戰情的監視分析之用。

在雲端防火牆上，擁有多項第三方對各產業所對應的國際規範標準認可，諸如：SoC 服務組織控制、ISO、ICSA、PCI 支付卡等。

綜合上述幾點，對於中央網路有應用層進出入作業安全疑慮，想要集中化控管、但又礙於第三方資安服務租用所需負擔額外授權、最後虛擬機器仍須擔負運幀的無形成本，就可考慮雲端託管的防火牆服務方案，只需專注在公司企業內的商務核心問題，安全的問題交給雲端防火牆（但還是要事先預定義並套用正確才會生效）。

2.4.3　基礎架構

- Azure 防火牆視為一個中央集權形式的網路配發中心，OSI 七層從網路層 L3 一直上到應用層 L7 都有規則做統一控管。
- Spoke 網路視同分支的虛擬網路，透過對等互聯與中央網路串接。

- 企業內網路也與中央網路透過私有網路 VPN 或 ExpressRoute 串接。
- 最終流量由中央網路控管的防火牆把關，來決定封包過濾拒絕或允許。

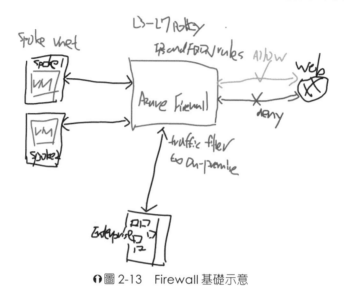

⋂圖 2-13　Firewall 基礎示意

2.4.4　知識小站

◈ 同樣對比網路與網路、應用與應用間的差異

Azure 防火牆運作方式與應用程式閘道WAF有何差異性	WAF本身隸屬應用程式閘道中，目的是針對網站服務進入做過濾保護，避免遭弱點攻擊。 Azure防火牆除網站HTTP/S，涵蓋各種TCP協定如：RDP、SSH等，提供輸出網路層及應用程式HTTP/S保護之用。
NSG與Azure防火牆有何差異性	Azure防火牆服務已涵蓋L4-L7的防護機制，更適合應用在中樞網路的原則控制。 NSG僅有L4的防護有所不足，故透過防火牆來做整合搭配，提供更好的深度防禦網路安全機制。讓NSG作為分支網路層流量篩選來控制虛擬網路內資源的流量。

⋂圖 2-14　防火牆比較差異性

◈ 防火牆診斷規則記錄形式

無論是網路、應用程式或 DNS 代理，其紀錄會存至儲存體或事件中樞中。Azure 監視則會針對 Azure 防火牆在啟用後，一旦進出的連線符合其中設定的規則條件，進一步的記錄 Allow/Deny 事件狀況。

◈ 威脅情報篩選注意事項

當透過微軟內建威脅情報作為規則篩選時，則會預先處理此規則，之後才會處理 NAT、網路或應用程式規則。其中有以下選擇動作：

- 可以只是單純記錄警示，但不做禁止動作。
- 一旦符合原則除了警示外，不合規者一律拒絕連線。
- 預設啟用威脅情報記錄，想關閉啟用，則需等防火牆建完才可調整。

2.4.5　名詞解釋

▌表 2-5　專有名詞說明

專有名詞	說明
Firewall	譯為防火牆，主要做監控進出網路流量的資安設備，依照定義的資安規則來判定放行或封鎖來源流量。常見應用是放在網際網路 WAN 到企業內部之間。
NAT	為網路位址轉換，怕全世界 IPv4 公用 IP 發放完，而造成資源不足，透過轉換封包從外部 IP 轉送至內部 IP 的過程，來降低真實 IP 使用數量。舉凡現今公司企業，社區住家都是屬於對外申請一組對外真實 IP，而讓旗下所需上網對外的電腦都是透過 NAT 將內部的私有 IP 轉至公用 IP，來達到做上網的用途。
SNAT	為來源網路位址轉譯，目的是將後端 IP 重寫為負載平衡公用 IP 位址，一旦偽裝成後端主機 IP 後，就可防止外部來源直接存取後端真實位址的資安風險。
DNAT	為目的地網路位址轉譯，來源端可能從網際網路連到某服務的公用 IP，轉譯映射到企業內部私有 IP 的伺服器應用服務中，與 NAT 意思相當。

專有名詞	說明
Hub and spoke network topology	為中樞輪輻拓撲，中樞指 Azure 虛擬網路的連線中心，而輪輻則屬於發散出去的分支網路，也包含企業私有網路。中樞與輪輻的關係，可透過對等連接 Peering，ExpressRoute 專用私有網路或 VPN 閘道，讓企業內資料中心和雲端中樞間網路連通。
FQDN Tags	為完整網域名稱標籤，透過微軟所定義的完整網域名稱，讓 IT 人員可以更容易在網路或應用規則中套用，進而達到允許或限制流量。
Forced Tunneling	為強制通道，預設所有 Internet 流量都是直接開放，而如果不想直接對外，而是先透過路由轉送至指定下個躍點，像是透過 WAF 虛擬設備，一律先經過檢查後，才決定下個動作。
Threat Intelligence	透過微軟威脅情報做警示通知，並拒絕已知的惡意 IP 和網域流量，以增強資安防護。

2.4.6　實驗圖文

◈ 實驗目標：Linux 用戶受 Azure 防火牆安全存取限制，以降低風險

STEP 01　Azure 新建資源處搜尋「Firewall」，就會顯示防火牆。按下「建立→選擇哪個訂閱、資源群組，或自訂服務名稱、地區、可用區域」，可用區數量請自行斟酌，原有想要保護的虛擬網路，公用 IP 資訊無誤後建立即可。

STEP 02　圖 2-15 中❶至❸將需要套用防火牆規則安全保護的子網路，請對應下一跳的路由為防火牆，防火牆同時被分配內外部 IP 各一組，請填防火牆的私有 IP，而路由位址則可以填寫 0.0.0.0/0，讓外部的網路不特別受到限制。

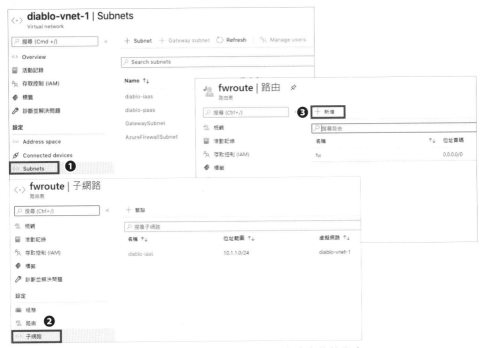

∩圖 2-15　Azure 子網路路由關聯防火牆的私有 IP

<u>STEP</u> **03** 圖 2-16 中❹至❺請到網路規則中指定內對外的來源 IP 以及指定 DNS，作為
解析的目標主機與連接埠，並允許此服務。

∩圖 2-16　網路規則允許 DNS 服務

<u>STEP</u> **04** 圖 2-17 中❻至❼重頭戲在此，請選擇應用程式規則，這才能真正看懂 OSI 應用層的封包，作為白名單管理，指定開放微軟的標準網站連接埠可以存取。

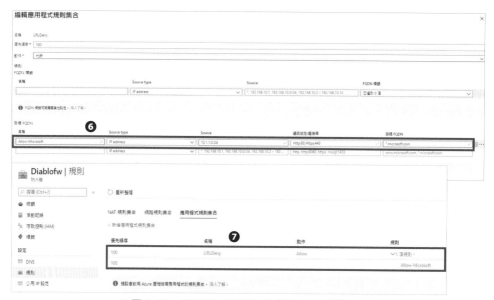

⚐ 圖 2-17　應用程式規則允許微軟 URL 網站存取

<u>STEP</u> **05** 圖 2-18 中❽檢視一下防火牆服務本身的 DNS 是否啟用，此範例透過原生 Azure 來做名稱解析。而❾中找一台所屬套用防火牆子網路的虛擬機，並從網路介面上來檢視其有效路由是否已經寫入改變的路由紀錄，下一跳是透過虛擬設備（一般指第三方），而原生的防火牆也是如此，將此子網路下內對外的封包來做有效過濾之用。

↑圖 2-18　防火牆 DNS 啟用

STEP 06 圖 2-19 中的❿，我們用一台 Ubuntu 登入後，分別使用 CURL 嘗試瀏覽微
　　　　軟網站無誤，然而在⓫中微軟以外的服務，如：嘗試瀏覽 Google 就啟用的
　　　　防火牆的功能，禁止其微軟以外的網站存取。

↑圖 2-19　先後存取微軟與微軟以外的 URL 狀態

2.5 技能解封初始篇章：防網站惡攻的天行者 Azure Front Door

2.5.1 故事提要

◈ 休戰之際傳奇煉金警戒之牆

普瑞斯特在某處海域的岩礁隙縫中，有個非常規律的光源正緩緩地閃爍著，循著光源並小心翼翼的，左顧右盼周遭環境狀況，意外發現一只有菱有角的方形發光體，緩緩的靠近光源猛然一看，原來是一顆從未見過的暗金色的寶石。

此時普瑞斯特小心翼翼捧著一個閃耀的發光寶石，帶回去讓天使密術士做鑑定，才赫然發現原來這寶石上刻印著過去歷史戰役中遺失的傳奇符文，此寶石擁有高度的防禦魔法，可以跟我們天使城中的防禦之寶「泰坦盾」重塑再造，進而可強化此神兵帶來更強大無盡的防禦能力。

半年過去了，經過漫長的淬鍊，合成了這道能劃破天際的神盾，我們通稱叫它是「警戒之牆」。警戒之牆解析，回到人類聽得懂的代名詞「前門」，讓我們接著看下去。

2.5.2 應用情境

如果一間公司企業或新創團隊，希望在未來的商業版圖讓世界都能被看見。這樣的一個框架理念下，需要多少現實資源，必須投注人力物力與大量資金成本，才有機會實踐。

然而全球性商業版圖一旦變得有價，伴隨而來更多的是現實的資安危機，悄悄等待這口肥羊逐漸壯大，一旦大到一個經濟規模時再一口吞噬，開心占有你所有的市值資產，品牌形象、顧客、商品一整個供應鏈生活圈終將付之一炬。

縱觀上述的可怕情境，如果有個全球跨境網站，「Front Door」用來實踐 http/s 應用負載平衡，透過全球連線能力，根據不同使用者來源型態，給予不同路由方法上的回應，來實踐更佳的體驗，另外也兼顧網路應用防火牆的防禦

能力，讓後端服務的實際運作資源，無論是自家雲不同的地區之間、不同的雲端平台之間以及企業內部與雲端平台之間，都可呈現混合雲的態勢，彈性整合共榮體現。

2.5.3 基礎架構

- 透過 FrontDoor，把雲端平台或企業內部的網站整合成全域層級的統一入口網站服務。
- 此服務將全球用戶根據不同來源決定最佳路由，提高全球化連線能力。
- 除了最佳路由以及各後端集區的伺服器狀況監視，來決定容錯移轉的高可用性。
- 根據正常與惡意存取連線的判斷來作為允許或是禁止的安全保護。
- Front Door 與原有 Traffic Manager 相似，其中最大優勢所屬內建 WAF 資安規則防護能力，故在安全風險承擔上可以有更好的加值效果。

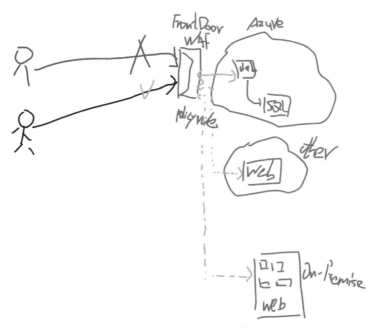

∩圖 2-20　Front Door 基礎示意

2.5.4 知識小站

◈ 流量路由方法

- **延遲性路由：**根據網路延遲確保傳送至最接近的後端集區服務。
- **優先序路由：**可以指定主要服務以及備用服務，也就是 A-S 模式的概念。
- **加權性路由：**很適合小量公測上線，或分配服務各國跨境的比例之用，例如：有兩台伺服器各為 50% 的比例分權平衡，或 80% 原有服務而 20% 改版上線測試，以使有問題時可將範圍縮限到最低可控。
- **會話親和路由：**當同一用戶連上時會給予相同後端主機提供服務，如金融提款或身分驗證，對於 Session 前後的一致性就極為要求，不然會有嚴重的後果。

◈ 後端集區支援類型

Front Door 這樣的全域負載平衡對於所支援的後端集區，可以直接區分 Azure（WebApp、Storage 或 VM）與非 Azure 的資源服務（企業內或其他雲端，只要能有對外的 Public IP 或 FQDN 即可），都可以做整合，而後端集區各類的服務層都可以是 A-A 或 A-S 模式。

◈ 檔案壓縮

Front Door 本身有支援動態檔案壓縮，以提高對用戶更快速的回應時間，但是檔案必須要是符合 MIME 類型，如：html、xml、Json、font 等，而官方網站有詳盡的格式列表，且檔案大小在 1KB-8MB 之間。而支援壓縮編碼為 Gzip 或 Brotli。

◈ 健康探查

支援透過 http 或 https 通訊協定進行探查，而探查過程中會用所設定之 TCP Ports 來做傳送，而傳送探查方式支援 Get 與 Head，預設是 Head，模式與 Get 的差別是，伺服器傳送的回應不會有訊息主體（Body），僅會傳輸狀態與表頭，而相對較為安全。

◈ URL 重導向

可針對 http、https 或比對到主機、路徑或查詢字串時，進而達到重新導向的目的，而對應用戶端的回應狀態碼，目前能支援列出的代碼包含：

- 301（請求資源的 URI 已被改變，會在回應內給予新的 URI）。

- 302（請求資源的 URI 臨時變更。未來可能會有變更的 URI。但用戶在未來的請求當中，仍使用相同的 URI）。

- 307（與 302 相同，唯一差異是用戶不允許變更請求方式）。

- 308（與 301 相同，唯一差異是用戶不允許變更使用的 http 方法，如第一個請求中使用 Post，則第二個請求也必須相同）。

2.5.5　名詞解釋

▌表 2-6　專有名詞說明

專有名詞	說明
URL 路徑型路由	根據要求的 URL 路徑，將流量路由傳送至後端伺服器集區，如 www.gylabs.online/video 或 /Images，則各自傳送需求到 video 或 Images 相對應的後端服務集區，來處理提取影片或照片。
Cookie 工作階段親和性	負載平衡預設會將前端用戶的請求，透過後端不同主機來提供服務。然而，對於金流或身分驗證、購物車這類情境，則因連線轉跳時，與原來處理的伺服器不同而造成失敗，故對於同一用戶發起請求時，透過 Cookie 機制，讓後端主機服務都同一台，進而達到服務一致性。
SSL 卸載	原本加解密動作都需要主機 CPU 的運算資源來分擔，但也增加其工作量，這時，如果 SSL 加解密可由專屬加解密服務擔綱，就能降低主機運算資源，讓服務效率更好。
HTTP/2 通訊協定	全球資訊網 HTTP 通訊協定中，最廣泛應用版本為 1999 年發布的 HTTP/1.1，2015 年發布 2.0 版本取代 1.1。此版本提升更多好處，像是網站安全、強制 TLS/SSL 憑證安全連線，透過減少多個工作階段，瀏覽器仍只需一個網路連線就能與網站連線等，功能不僅僅於此，有興趣都可以有眾多網站可以參考。

2.5.6　實驗圖文

◆ 實驗目標：Front Door 跨域地理安全限制存取

<u>STEP</u> 01　Azure 新建資源處搜尋「Front Door」後，按下「建立→選擇哪個訂閱、資源群組、地區」後建立即可。

<u>STEP</u> 02　圖 2-21 中❶至❷，美國東部網站主機一台並能提供網站服務。

❶圖 2-21　Azure 位於美東的網站 VM

<u>STEP</u> 03　圖 2-22 中❸至❹，東南亞網站主機一台並能提供網站服務。

❶圖 2-22　Azure 位於東南亞的網站 VM

STEP 04　圖 2-23 中❺自訂其實際 WAF，進行模式上的選擇，另外當異常回報，則可重導向至指定網頁，本實驗選擇預防直接偵測異常阻斷。對於受控原則，大多屬被動接收微軟預設建議為最佳。透過❻本次規則驗證，嘗試不同地區連線，當台灣來的連線一律阻擋，台灣以外則正常顯示頁面，完成以下參考設置後，便新增此規則，原則驗證完成無誤，便開始建立。

> 說明　當 WAF Policy 服務建立完成後，會顯示綠勾狀態已啟用，確認剛剛自訂原則以及微軟受控原則是否正確套用。另外，地區雖然一定要指定，但實際屬全域服務，故可用層級是大於 Region 的。之後組態設置流程依序為前端、後端及路由原則。

❶圖 2-23　Front Door WAF Policy 規則設定

STEP 05　圖 2-24 中❼根據用戶 URL 需求，是否需要 Cookies 主導後端服務一致性，最後套用所設置的 WAF Policy。而❽至❾在後端集區，分別把各自地區的網站主機 FQDN 加入關聯，並給予優先序與權重比例。最後決定健康狀態探查的參數，包含指定網頁根目錄下路徑、探查協定、時間間隔及負載平衡輪詢配置。

● 圖 2-24　Front Door 分別建立前後端主機設定

STEP 06　圖 2-25 中❿設置對外 FQDN 規則，其涵蓋接受來源協定，後端集區快取等參數。而⓫則呈現流程階段均設置完畢，開始建立 Front Door。注意一下，雖然顯示建立完成，但實際還未 Ready，大約等 5 分鐘再行測試。

● 圖 2-25　Front Door 規則路由與組態設定狀態

STEP 07　圖 2-26 中❶從台灣連到 Front Door URL 測試的確套用規則被封鎖。❸透過
　　　　美國 VM 當作用戶連 Front Door URL 測試的確能正常顯示網站。

❶圖 2-26　分別從兩地連線測試結果

CHAPTER

初始篇章後傳：身分安全

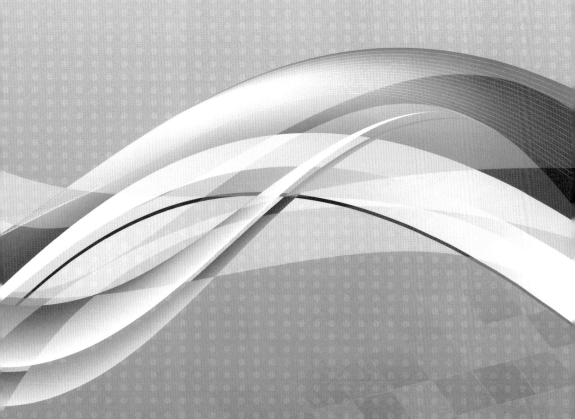

3.1 技能解封初始篇章：非法隱身存取 Cloud App Security

3.1.1 故事提要

◆ 幻術內攻開啟新篇章

受到嘟希爾爪牙血鬼幻術中招的天使將士，腦內中樞已遭受控制，無法擁有自己的真實意識，只能眼睜睜的被操弄心靈而無法自我。

嘟希爾有了這個大好時機，藉由這些天使傀儡來取得璦西尼的信任，試圖想要套出那一把封印世界之石的重要金鑰，一旦得逞之後，再找對時機來個裡應外合，讓外頭引起動盪，只要天使都把心思放在抵禦外敵時，就是盜取的最佳時刻。

然而起初遭受控制的天使將士的確沒有讓璦西尼起了疑心，但一天天過去，嘟希爾的爪牙似乎開始按耐不住而躁動起來，讓人不禁開始懷疑了，原來受控的天使似乎透過自身強大的心靈，緩慢的回過神來，拖著心靈交戰的沉重身軀，走進一道數米長的反身稜鏡，讓邪靈意志消失殆盡。天使將士的強大意志終究還是挺過這次的危機，並恢復了自我，不輕易讓嘟希爾得逞，真不愧是來自於璦西尼的子弟兵，讓這個世界可以免除一場災難。寄身控制的解析，回到人類聽得懂的代名詞「雲端身分應用安全」，讓我們接著看下去。

3.1.2 應用情境

當世界浪潮趨勢不斷把自家公司企業的服務推至雲端，無論是 SaaS 常見的雲端空間、生產力工具、CRM、Adobe 編修等充斥五花八門的線上服務，只需要開通帳戶、賦予授權之後，就可以開始美好工作的一天。企業內自家系統在合乎 TA（目標客群）用戶使用設計或最佳地區選擇的前提下移轉到雲端，無論是公司內部同仁、外頭出差同事、合作夥伴或提供給普羅大眾的顧客服務。目的都是要讓應用系統服務先決條件更好，回應更為靈敏，體驗感受度更高。

但是方便快速、體驗便捷，也意味著整個系統運帷安全性上，將會帶來更多新的挑戰。首當其衝就是「身分」，即使身分無誤也難以確保其行為，故發揮雲端應用服務特點的同時，背後的系統運帷須在便利與嚴謹找到一個天秤才行。

有鑑於此，透過 Cloud App Security 深入了解自己，無論企業對內部同仁或外部客戶服務應用、租用或自行開發，從自家雲端平台到其他雲的服務狀態、連線使用的裝置設備的端點，原來企業組織內看不到的死角成了慣性破口。有意或無意做出傷害企業的事蹟，讓安全防不勝防。

故站在保護公司資產與員工立場，用一個防範未然的態度，透過 Shadow IT 思維，讓服務應用與用戶行為透明化。從日常活動找出異常，進而防範非法存取，並提供分類，以防機敏資料洩漏，透過對企業在雲端上應用的合規，以保護不受惡意攻擊的危害，進而讓整個企業組織作業安全更為無瑕。

3.1.3 基礎架構

無論是企業內用戶裝置或雲端平台上的活動行為，都免不了需要大量的資料收集動作，才能根據所收集到的資訊進一步探索分類，並找出有意義的資訊。下圖中右側是雲端應用安全監視雲端平台本身，而左側是分別使用的各類 SaaS 應用服務及使用者。

- 運用應用程式連接器作為橋樑，搭配 API 來獲取所需連接的應用控制與視覺效果。

- 透過探索方式，進而識別並找出所屬組織當中，有在使用的雲端 SaaS 應用服務。

- 透過原則政策來決定雲端中的應用服務的去留與否，觸發條件判斷為拒絕或是允許放行。

- 透過條件存取控制保護，進而獲取應用服務本身的活動紀錄。

- 透過結果的呈現不斷調整其合理性的政策，並持續性進行整體的原則規範，讓體質更為全面。

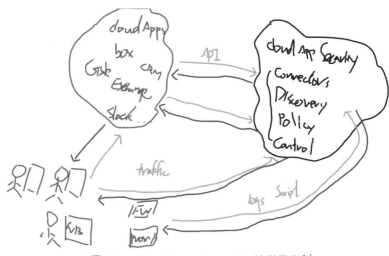

∩ 圖 3-1　Cloud App Security 基礎示意*[1]

3.1.4　知識小站

◆ 微軟雲端應用安全產品比較

▌表 3-1　微軟雲端應用安全與 Office 365 雲端安全比較*[2]

功能	功能	Microsoft Cloud App Security	Office 365 雲端 App 安全性
雲端探索	探索到的應用程式	超過 16,000 個雲端應用程式	超過 750+ 的具有與 Office 365 相同之功能的雲端應用程式
	探索分析的部署	手動和自動記錄上傳	手動記錄上傳
	使用者隱私權的記錄匿名	是	
	存取完整的雲端應用程式目錄	是	

*[1]　從 Cloud App Security 箭頭方向對外，則是對受測目標做探索收集要求。反之，箭頭方向從受測目標把收集的資料往 Cloud App Security 上送的雙向流程行為。

*[2]　Office 365 為主。以用戶活動紀錄作為威脅偵測、探索 Office 365 相關影子 IT，並控制 Office 365 應用程式存取權與工作階段控制。

功能	功能	Microsoft Cloud App Security	Office 365 雲端 App 安全性
	雲端應用程式風險評估	是	
	每個應用程式、使用者、IP 位址的雲端使用情況分析	是	
	進行中的分析與報告	是	
	探索到的應用程式異常偵測	是	
資訊保護	資料外洩防護（DLP）支援	跨 SaaS DLP 和資料共用控制	使用現有的 Office DLP（在 Office E3 以上的版本中提供）
	應用程式權限和撤銷存取權的能力	是	是
	原則設定與強制執行	是	
	與 Azure 資訊保護整合	是	
	與協力廠商 DLP 解決方案整合	是	
威脅偵測	異常偵測和行為分析	適用於跨 SaaS 應用程式，包括 Office 365	適用於 Office 365 應用程式
	手動和自動警示補救	是	是
	SIEM 連接器	是。跨 SaaS 應用程式的警示和活動記錄	僅適用於 Office 365 警示
	與 Microsoft Intelligent Security Graph 整合	是	是
	活動原則	是	是
條件式存取應用程式控制	即時工作階段監視及控制	任何雲端與內部部署應用程式	適用於 Office 365 應用程式
雲端平台安全性	安全性設定	適用於 Azure、AWS 和 GCP	適用於 Azure

▌表 3-2　微軟雲端應用安全與 Azure AD 雲端安全比較[*3]

功能	功能	Microsoft Cloud App Security	Azure AD Cloud App Discovery
雲端探索	探索到的應用程式	超過 16,000 雲端應用程式	超過 16,000 雲端應用程式
	探索分析的部署	手動和自動記錄上傳	手動與自動記錄上傳
	使用者隱私權的記錄匿名	是	是
	存取完整的雲端應用程式目錄	是	是
	雲端應用程式風險評估	是	是
	每個應用程式、使用者、IP 位址的雲端使用情況分析	是	是
	進行中的分析與報告	是	是

> **說明**　Azure AD 除了上述列出的功能外，目前並不支援，故不再詳加列出。而雲端功能都是持續在變，故仍以官方資料為主。

◈ Cloud App Security 實踐意義

- 適用對微軟 Defender 端點防護間的整合，啟用 Shadow IT Discovery，進而探索評定，除了企業內部，並延伸至公司外，進一步識別風險用戶或裝置設備，當緊急情況發生，透過事件調查可一步步抽絲剝繭，慢慢追查出事件的真相。

- 針對應用程式來設置規則，透過 Cloud Discovery 的異常偵測機制，來識別追蹤潛在風險不具合規的應用程式。

- 眾多社群服務常透過 OAuth 的方式驗證，以獲取第三方應用，進而授權來存取個人帳戶資訊。故透過 OAuth 原則來識別潛在可疑者，一旦評定為風險，則限制存取。

[*3]　Azure AD 為主。更深入掌握雲端應用程式在企業組織中的使用情況。

- 當獲取到組織應用程式清單後，可進一步來限制不合乎規範的程式服務。而一旦受到核准時，會透過標記套用到組織中的應用服務上，而未獲取合規的應用程式清單，則列入待核准階段而無法使用，讓作業環境更為安全。

- 協同合作共享已是不可逆的趨勢，透過 Office 365 與 Cloud App Security 的整合，在共享共編狀況下，仍可掌握用戶存取活動來達到安全邊際原則。

- 零信任維度中，機敏資料一旦落入未受控或具風險的電腦裝置，透過整合條件式存取來做風險識別監視，並在非合規的原則條件下予以禁止。

- 原生 Azure 外，AWS 與 GCP 也能整合連接 Cloud App Security，進而透過監視服務與用戶登入活動、主動性威脅偵測，並收到惡意的事件通知。

3.1.5 名詞解釋

▌表 3-3 專有名詞說明

專有名詞	說明
MCAS （Microsoft Cloud App Security）	為微軟雲端應用安全平台，為了打造更為安全的作業環境，即時監視與控制用戶應用存取行為，以提升執行活動可視性與控制權利。
CASB （Cloud Access Security Broker）	為雲端存取安全性代理，透過此代理程式，進而探索分析整個行為，並對組織企業執行安全政策，進而在雲端服務使用上更加強防護。
Shadow IT	為影子 IT，指組織內使用未經許可的應用程式等軟硬體資訊方案，而 IT 部門卻蒙在鼓裡，當系統出現問題時，產生蝴蝶效應，大大影響服務應有的穩定及安全。
UEBA （User and Entity Behavior Analytics）	為使用者行為分析，主要針對內部用戶存取行為做更深入的行為分析，並加強用戶與目標之間的關聯，進而更精確找出異常事件。

3.1.6　實驗圖文

◈ **實驗目標：雲端安全原則與告警示範**

STEP 01　圖 3-2 中❶透過 Microsoft 365 系統管理中心選擇安全性中的雲端應用安全性，或直接存取以下入口網站：[URL] https://portal.cloudappsecurity.com。

∩圖 3-2　Microsoft 365 安全管理介面

∩圖 3-3　雲端應用安全基礎佈建流程

STEP 02　圖 3-4 中❷透過企業合規安全原則幫你定義用戶在雲端上的行為，其中原則條件所偵測雲端環境是否具風險（像是可疑活動與違規動作），透過整合工作流程決策動作，以降低風險。而❸決定所要的部署原則與類型後建立策略。

🎧圖 3-4　企業合規管理介面

> 🧑‍🏫 **說明**　根據不同原則描述說明，以利後續的設置選擇：

▌表 3-4　七種存取原則類型

原則類型	使用
存取原則	目的能即時監控用戶登入雲端應用程式。
活動原則	監視不同用戶使用應用程式 API，執行各種自動化流程任務或追蹤特定類型活動。
異常偵測原則	目的是尋找雲端中異常行為活動。而偵測條件是以設定風險因素為依據，故當事件發生時，就會發出告警。
應用程式探索原則	目的是在組織內偵測新的應用程式時做系統通知。
Cloud Discovery 異常偵測原則	探索雲端應用程式記錄檔，透過機器學習找出可能異常事件。
檔案原則	掃描雲端應用程式中所指定的檔案，檔案類型如：內外部組織網域共用，資料像是機敏或非機敏個資類型，根據不同的雲端應用程式，而有不同的治理行為動作。
工作階段原則	主要為了使用雲端應用程式的用戶活動，來做即時監控。

STEP 03 圖 3-5 中❹至❻建立企業情境的安全規範，透過 Cloud App Security 面板左列控制功能模板來建立策略。

❶圖 3-5　企業安全範本管理介面

STEP 04 圖 3-6 中❼至❾開始建立策略條件，建立告警以及是否需要額外的管理動作（如不需要可以忽略）。

⋒圖 3-6　建立政策時的細則設定

<u>STEP</u> **05**　圖 3-7 中目的為活動日誌檢視，從❿中調查功能選擇活動日誌，透過⓫篩選
　　　　查詢指定帳戶狀態包含時間、用戶端 IP、裝置、國家與帳戶身分等諸多詳
　　　　盡資訊一目瞭然。

⋒圖 3-7　檢視活動日誌查詢管理

STEP 06 圖 3-8 目的為告警，透過❶至❶左列功能選擇告警，並依據警示型態或嚴重性來決定其優先級。根據不同的違規事件紀錄，讓後續人員可接續調查處理。

> **說明**　以下根據三種違規類型做描述說明，以利方便識別：
>
> ● 嚴重違規：非常明確違規需立即回應，例如：登入問題，則透過暫時帳戶停權。資料外洩，則立刻限制存取授權與隔離檔案等。
>
> ● 可疑違規：這會需要更深入調查。視需求聯繫當事人或管理者確認活動合理性。直到釐清為止，再決定禁止或關閉。
>
> ● 授權違規或異常行為：此行為配合人員判斷是否合法使用，可關閉警示。

⊙ 圖 3-8　風險警示的歷程查詢

3.2 技能解封初始篇章：攔截應用服務 Azure Application Proxy

3.2.1 故事提要

◈ 守護唯一秘魔通道戰爭手札

　　天使城中，面對這麼強大的暗黑勢力，經過一場場數不清的歷史戰役，倒是留下不少的寶貴秘文，除了抵禦外患要面對嘟希爾魔神勢力的攻擊紛擾外，其實更難以防範的還是城內的同袍弟兄，天使城貴為神殿，但唯一的使命就是保護人類免於世界的混亂，但不是個個天使都有堅持初衷到最後，當私心萌芽開始茁壯，真實叛變是屢見不鮮，而受到魔法控制成了暗黑軍團的傀儡，也是在在瓦解著天使城相互友好的信任，使猜忌不斷。

　　有個煉金術士對璔西尼獻策，想把這些分散自各將士保管的戰爭手札寶箱，透過特殊的身分識別靈光加持，一方面集中保護，另方面也更有效辨別敵我。而此靈光識別的技法道具，則依靠一靈技守護者，如果想要獲取，則須先獲得守護者的認可，並通過其幻影纏繞的秘魔通道，兩道都通關完成才行。唯一秘魔通道的解析，回到人類聽得懂的代名詞「應用程式代理」，讓我們接著看下去。

3.2.2 應用情境

　　一般企業內無論是匿名存取，系統內建帳戶或整合 Windows AD 作為身分驗證，以藉此讓系統能呈現一個相對安全的識別狀態。

　　單純企業內才能存取的封閉系統，也許是個解法，而現實中因為企業運營的商業改變、行動辦公、海內外員工出差已成為常態。然而，現代資安事件也不僅是從公司防火牆大搖大擺進出，反倒是資安意識薄弱，進而導致高風險而從內部擴散，所以即便沒有對外露臉，但也並非安全保證。

　　有鑑於此，如能透過更加安全的身分識別，將此重任託管給信任的雲端平台上，進而讓系統服務更加安全，也讓暴力登入的機率降至最低。

Azure AD Proxy 能為企業提供一個更為安全的遠端存取。透過對 Azure AD 註冊其需要受驗證保護的企業內部的系統網站，讓用戶在統一的入口網站內，輕鬆的隨選原本所熟悉的企業內部網站系統服務，而真正服務本身無須改變本身架構，更不用上雲，與原有熟悉環境近乎一致。

Azure AD Proxy 一旦整合條件式存取，就更能貼近安全多面向的零信任安全環境，以維繫整個公司的日常運作。

3.2.3　基礎架構

- 當用戶對網站 URL 發出請求時，系統會將用戶導向至 Azure AD 登入頁面。
- Azure AD 一旦成功登入後，會向用戶本身的電腦裝置來傳送權杖。
- 用戶端將權杖傳送至 App Proxy 服務，此服務會取出權杖 UPN 和 SPN。
- App Proxy 服務在將權杖傳給 App Proxy 連接器。
- 假設為單一登入，則連接器會代表用戶執行其他任何所需的驗證。
- 連接器會將要求傳至內部網站系統，再透過內部網站回傳至連接器後，一路到 App Proxy 服務。
- 最後由連接器對 App Proxy 服務將需求回應傳給用戶。

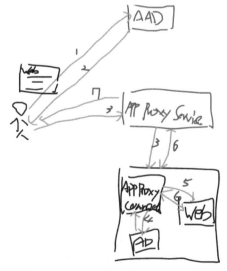

⋒圖 3-9　Azure Application Proxy 架構示意

3.2.4 知識小站

◈ Application Proxy 安全性優勢

● 依賴 Azure AD 透過 STS（安全權杖服務）進行所有驗證，預先驗證的機制會封鎖大量的匿名攻擊，故僅有識別出正確的身分並許可後，才可存取後端應用程式服務。

● 因應零信任機制，透過條件式存取進而限制用戶存取指定應用程式，舉凡根據 IP 位址、地理區、驗證強度或風險層級為基礎，強化合規安全登入。

● 此服務機制屬於反向代理，故對於客戶所發送請求，透過後端伺服器集群根據客戶需求，從關聯的伺服器取得資源並回應給客戶，以降低受到目標攻擊的風險。

● Application Proxy 連接器作用僅作為中繼伺服器的連線進出之用，故無須特別開放防火牆，讓外面對此目標網站連線使用。

● 可搭配 Azure AD Identity Protection 身分識別，透過微軟安全回應中心和數位犯罪防治單位所提供的資訊，主動來識別受入侵的帳戶，並提供高風險登入防護，像是可以標註受到感染的電腦裝置、匿名網路或冒充的位置資訊等。

3.2.5 名詞解釋

▌表 3-5　專有名詞說明

專有名詞	說明
Proxy	為網路代理，簡單說當你想要存取一個服務時，需通過此代理服務與您真正的服務進行溝通，而最終回應你的需求時，是由代理本身，過程都是非直接性的服務連接，有鑑於此，更利於保障服務本身的隱私安全，降低被直接攻擊的機率。
UPN （User Principal Name）	為用戶主體名稱，就是組成帳戶登錄名稱後綴加入「@」。用郵件地址來呈現，以簡化登錄。

專有名詞	說明
SPN （Service Principal Name）	為服務主體名稱。對服務本身授予一個執行身分，並做權限分派。原來當 A 用戶需要執行 B 任務，站在帳戶授權角度會直接授予 B 權限給 A。然而，當 B 任務只需要在 B 主機上執行，僅需把 B 任務的權限給予 B 電腦。只有當 A 用戶在 B 電腦執行 B 任務時，才會擁有 B 的權限來執行 B 任務。
STS （Security Token Service）	為安全令牌服務，負責授予、驗證、更新與取消令牌。透過使用頒布令牌的持有者，會標註為符合 WS-Trust 跨平台開放標準服務的認可。

> **說明** Azure 獨立授權範圍有以下管道可以實踐：
>
> ● Microsoft 365 E3 / E5 版本授權試用。
>
> ● Azure AD Premium P2 版本授權試用。
>
> ● EMS E5 版本授權試用。

3.2.6 實驗圖文

◆ 實驗目標：企業內部網站透過 Azure AD 代理安全存取

有了授權並指派後，AAD 服務下刀鋒功能視窗找到 Application Proxy，並確認所支援對應的作業系統版本來下載，Proxy Connector 代理連接器，在企業內找台乾淨的 Windows Server 2012R2 含以上環境來做安裝。

安裝過程會要求 Azure 帳戶登入驗證，驗證無誤會持續安裝，並等待完成即可。

STEP 01　圖 3-10 中❶已準備一台 Windows VM 來作為後續內部示範網站之用。根據❷來新增所要示範網站 URL，其中設定能解析內部網站的 URL，而外部 URL 的命名請自訂，另外確認所要使用的驗證方式，預設是 Azure AD，其他設定會依照環境需求而定，保持預設即可，並記住示範網站呈現畫面。

◑圖 3-10　Azure AD Proxy 管理與目標網站

STEP 02　圖 3-11 中❸剛剛的網站已經正確註冊此 Azure 應用程式，透過❹的 Apps
Panel 驗證登入後，看到剛剛註冊的 Template-introspect 網站。

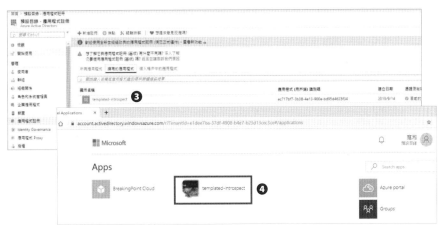

◑圖 3-11　Azure AD 應用程式註冊與 App Panel 登入

STEP 03　圖 3-12 中❺點選 Template-introspect 網站後，就直接開啟內部網站，大幅提升安全性。

❶圖 3-12　App Panel 執行內部網站

3.3　技能解封初始篇章：內鬼授權加持 Azure Dynamic Groups

3.3.1　故事提要

◆ 試圖偷取權杖，叛變者的逆襲

　　天使城內，隸屬於璦西尼管轄下的幾個鎮守密道通路侍衛軍，每天面對著無盡密道的循環歲月，想起每天日復一日，守護著裡面珍藏的重要祕文寶典，剎那間腦中閃過一個邪惡的念頭，心想一輩子用生命守護，說到底不過就是個受人使喚的僕人，假使能用此寶典跟魔界的大頭目之一來個利益交換，讓大夥幾個兄弟追隨著魔神吃香喝辣，之後再回頭佔領天使城，那不就換我們來當頭頭了嘛！

進入密道都會有特殊身分的印記來驗光比對，確定是有此權力者才能進入暢通無阻，腦中想著想著靈光一閃，動到了掌管權力印記的權印天使身上。

在偷取最高身分印記得逞後，用盡畢生的氣力往自己身上猛然一蓋，原本似乎就要得逞了，直接闖入密道，想試圖蒙騙身分但仍舊失敗，因為次數過多而觸發警戒，而讓眾將士們出來逮人，這才知道身分印記要生效，是需要仰賴封印已久的黑血泥，這才免去一場可能是極大災難的開端。回到人類聽得懂的代名詞「動態群組」授權，讓我們接著看下去。

3.3.2　應用情境

一般在初期導入雲端服務，因為使用人數並不多，故正式上線時，無論用戶權限委派、授權分配等瑣碎的管理，總是可以表現出有容乃大的一面。隨著企業組織慢慢擴大，使用上線人數日益成長，常態性需求變更，新進或離職員工來來去去，部門間員工組織轉調、職務升遷等情境需求不斷，光只因應公司任務而為用戶做權限上的分配，就已經搞得焦頭爛額，更別說什麼有效的大規模管理。

而因應這樣複雜的人員變更，如果能透過群組容器根據不同的人員屬性的變動，非常智慧化根據帳戶屬性條件來自動分類，而各群組也分別賦予指派定義好的授權，就可讓繁瑣的生活日常變得更為有效率，當然除了人工打錯資訊在屬性上的欄位之外。繁瑣無謂的生活日常交給系統，而 IT 可以為公司做更多核心任務，也降低無謂的加班事情上，看是充實自我，為公司分擔其他任務或陪伴家人等都好。

3.3.3　基礎架構

Azure AD 上的身分帳戶為了與企業內部可以一致，透過 Azure AD Connect 同步帳戶到 Azure AD 中（對此功能本身非必要性），同時具有三個群組：

- GP1 為台灣地區行銷群組，並賦予 M365 E3 授權。
- GP2 為全球業務群組，並賦予 M365 E5 授權。
- GP3 為美東地區行銷群組，並賦予 M365 E1 授權。

　　A員工隸屬在台灣公司在行銷部門任職，而屬性上是台灣地區與行銷部門。透過動態群組，無須資訊人員另外手動指派，而是系統直接根據屬性欄位直接分派至 GP1 群組中，進而擁有 M365 E3 的使用權利，而A員工也直接可以進行辦公作業，無縫接軌。

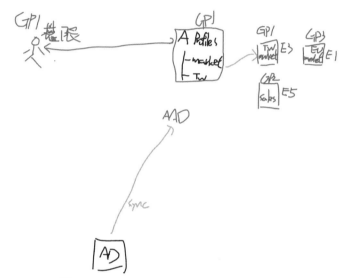

🎧圖 3-13　Azure Dynamic Groups 架構示意

3.3.4　名詞解釋

▌表 3-6　專有名詞說明

專有名詞	說明
Dynamic Group	為動態群組，根據用戶屬性來決定被分派到的群組，而群組中原來被賦予的授權也會一併繼承給帳戶。
Regular syntax of expressions	為運算式規則語法，此為動態群組作為智慧化自動指派的幕後工程，其中包含布林、字串、運算子等屬性混合規則來決定。
AAD（Azure Active Directory）	為 Azure 目錄服務，主要由微軟公司旗下公有雲平台，作為提供身分識別來加強安全存取，其中目錄服務應用眾多，舉凡應用程式存取、身分識別保護、雙因子驗證、單一登入等，均整合至單一管理平台中。

說明 Azure 獨立授權範圍有以下管道可以實踐：

- Microsoft 365 E3 / E5 版本授權試用。
- Azure AD Premium P1 / P2 版本授權試用。

3.3.5 實驗圖文

◈ **實驗目標：企業對於 Azure 帳戶的智慧化管理簡易示範**

執行帳戶本身需全域管理權限，才能執行 AD 使用者與群組功能。

STEP 01 圖 3-14 中❶登入 Azure Portal 後，在 Azure AD 服務選擇「群組」，成員資格為動態使用者。指派到群組下的動態群組，是依靠規則判斷條件內容。透過布林值來做邏輯判別。而群組本身也先行被賦予 Azure AD P2 授權。透過❷建立兩筆屬性分別為城市居住地「台北」、公司部門「科技整合服務處」。建立完成後，就產生此動態群組，並指派 Azure AD P2 授權，目的透過分配到此群組的成員都直接繼承授權。

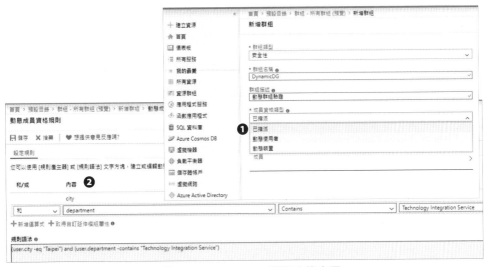

🔊圖 3-14　Azure AD 群組功能介面

STEP 02 圖 3-15 中❸手動在此帳戶欄位加上台北地區與科技整合服務處部門。

⋒圖 3-15　Azure AD 帳戶資訊異動

STEP 03 圖 3-16 中❹至❺等待套用生效約 10 秒的時間後，再檢視此帳戶群組已經自動繼承，檢視其 Azure AD P2 授權繼承指派無誤。

🎧 圖 3-16　Azure AD 群組與用戶授權檢視

3.4 技能解封初始篇章：環境風險漏洞 Azure Conditional Access

3.4.1　故事提要

◈ 開啟信任結界粉碎叛者之心

繼上篇章天使城內，守護密道的天使竟成了試圖偷取印記的內鬼，雖然沒有真的被得逞，但也是令璦西尼冒足了冷汗，然而天使城的紛紛擾擾卻仍然不停歇，有不少駐守城外的將士也正等待一個適當的時機倒戈。

知彼知己才能百戰百勝，這時試圖倒戈的將士正想透過腦內中樞進行飛快的訊息傳遞，想與城內幾個內鬼交換軍情，來個裡應外合，這才赫然發現竟然傳遞失敗了，為什麼就在這時候發生這種事？

原來還有所謂的「信任結界」，也就是城外如果想回報狀況開啟對話，或是文字訊息都需要在嚴謹的條件下展開，面對所屬對的報信天使（人）、對的任務（事）、對的時間及對的環境（地）條件成立後，才能讓信任結界中的光隧開啟，直接過濾掉內心不純淨的叛者。信任結界解析，回到人類聽得懂的代名詞「條件式存取」，讓我們接著看下去。

3.4.2　應用情境

現代這樣一個資訊搶佔的時代，隨時隨地要讓公司企業員工能夠更有生產力，這會是企業能否長久生存的關鍵之一，但真的只要高效就解決了嗎？當方便快速看似唯一解時，往往忽略了現實中的殘酷，隨著資訊技術的發達，無論是被惡意盯防或是內鬼直接把公司寶貴的智慧財產直接變賣圖利，以謀取最大利益，故 IT 人員存在著對 Azure 條件式存取服務有兩個需要：

- 讓用戶可因地制宜發揮生產力，但仍能確保這一切的生產力行為都是在安全基準的前提下進行，如何同時兼顧天平兩端就是本篇課題。
- 達到零信任的安全機制，用戶連線存取作業，檢查比對合規原則，確保組織處在一個安全狀態，然而不在合規範圍，則會阻擋用戶存取。

3.4.3　基礎架構

原本三位員工都屬同單位同一專案成員，故本質上大家資源存取均一致。然而，對的專案成員身分下，在未知環境下做正常存取行為，或非專案成員在信任環境下做出正常存取行為，本質上兩者都不被允許。

透過圖中右邊這朵雲，從帳戶到裝置、裝置到環境、環境再到存取應用，最後存取應用再到風險指數，透過每個階段的條件設立，進而判斷行為是否合規。

圖中左邊從上到下的員工分別為：

- UserA 在公司內，並使用公司網路存取，並允許登入。
- UserB 在公司外，但屬信任 IP 範圍，並搭配雙因數身分認證通過仍可允許。
- UserC 在公司外，但在非信任地區連線存取，直接拒絕登入。

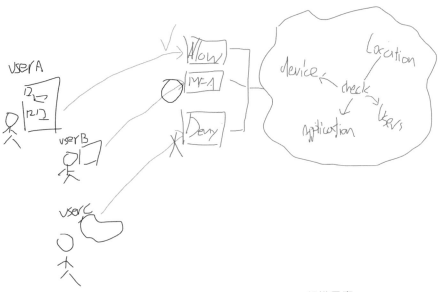

🎧圖 3-17　Azure Conditional Access 架構示意

3.4.4　知識小站

◈ 條件存取驗證注意事項

　　如用戶仍為舊版驗證，則不支援 MFA，故也不會透過裝置狀態資訊傳給 Azure AD，故條件式存取一旦要求 MFA 或相容裝置狀況，則勢必會被登入封鎖。

　　故一旦仍有舊版驗證用戶時，則一定要在條件存取的原則中做排除，或是把原則套用至新式驗證的用戶上[*4]。

[*4]　微軟新式驗證：可讓 AD 驗證的程式庫允許跨平台使用微軟支援或相容的應用程式。其中登入過程也同時支援 MFA、智慧卡或憑證驗證。

◈ 條件存取應用程式所支援的類型

Microsoft 雲端應用程式非常多，詳細可到官網查詢，例如：Office 365、Dynamics CRM Online、Microsoft Cloud App Security、Azure DevOps、Power BI、Windows Defender ATP、PowerApps 等。

其他應用程式舉凡透過 Azure AD Application Proxy 做發布，資源庫內建應用程式，自訂應用程式或單一登入密碼型應用程式，都涵蓋大部分所支援的應用類型範圍。

◈ 條件存取報表評估模式

條件存取對組織導入影響甚鉅，故起初也可以透過用戶登入的期間，套用報表原則模式，而不強制執行，透過報表紀錄來進一步分析監視條件存取原則對於整體組織間的影響。

3.4.5 名詞解釋

▌表 3-7　專有名詞說明

專有名詞	說明
Conditional Access	為條件式存取，根據零信任多面向的環境條件，來判定是否讓眼前的帳戶做登入。如果符合所設立的規範條件，就屬於合法身分，可以允許登入作業；反之則拒絕。
Signal	此為訊號，條件式存取需被動依賴原則，而實際產生決策，進而做出最終結果，則是動態判斷的訊號，舉凡使用者與群組成員資格、IP 位置範圍、裝置、應用系統本身或風險偵測來做判斷依據。

 說明　Azure 獨立授權範圍有以下管道可以實踐：

● Microsoft 365 E5 版本授權試用。

● Azure AD Premium P1 / P2 版本授權試用。

3.4.6　實驗圖文

◆ 實驗目標：Azure AD 條件存取設置呈現

　　從 Azure Portal 中搜尋「Azure AD 條件式存取」，進入管理介面，主要區分三個階段：從一開始工作派任，再到原則條件以及最後授權控制。

STEP 01　圖 3-18 中❶至❷條件存取新增原則首要針對使用者與群組中強制套用範圍清單，如有排除帳戶則不在此限。從❸開始就有六類的條件可以因應企業環境場景，其中包含透過用戶與登入識別，分別為低中高風險、裝置平台（包含 windows / MacOS / iOS / Android）、信任地區與 IP 位址範圍、用戶端應用程式驗證來源（像是瀏覽器或行動 App）、雲端或自訂的應用程式清單，當用戶登入裝置非使用混合式 Azure AD 或標示合規，上述均可以每道程序嚴謹的設立外，也可以依據環境條件所需來選擇性設立即可，最後❹根據上述條件來做控制用戶授予或根據 Session 動態決定封鎖或允許的動作。

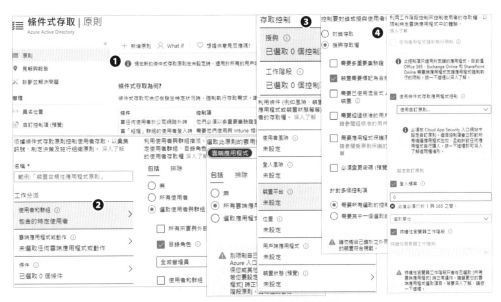

↑圖 3-18　條件式存取管理介面

3.5 技能解封初始篇章：暴力黃袍加身 Azure Privileged Identity

3.5.1 故事提要

◆ 重拾天使眾將士的權力之鎖

面對裡裡外外紛擾風波，不斷讓劇情上演，天使城一位資深的術士精煉師對璦西尼獻策，可以嘗試把他耗費了十年半載的畢生心血而終於精煉成的淨化之眼符石，來與賦權身分印記徹底做融合。

接下來這樣的印記像是有活源生命似的，不但能回溯到時間軸上任意時空，找到原有被賦予永久權力的將士，透過回溯而喪失了權力，也讓需要被賦予任務的天使，透過暫時性的權力進而達成任務使命。透過淨化權力識別出魚目混珠的情勢，以避免再次上演，進而真正的有效保護城中子民及世界之石。

重拾權力之鎖的解析回到人類聽得懂的代名詞「特權身分管理」，讓我們接著看下去。

3.5.2 應用情境

員工因為有各自的職責任務，而賦予組織角色的資訊權限，當然長官也不例外，這常常會是個灰色誤區。另一方面，當行使的專案越多，各種的專案任務需要多組人馬處理，一旦帳戶被指派角色權限後，通常會隨著時間推移，帳戶授權越加越多，常不減反增，而即使在任務完成後，授權卻仍舊開放，隨時是可以連線存取。

當然，資訊管理 Admin 通常也是各系統中集大權為一身的潛在風險來源。無論是有意或無意，都有可能因為內憂或外患而讓帳戶權限落入有心人中，使得公司企業開始成為暴風雨前的寧靜，下一個哭泣的受害者。

為了解決上述帳戶存取的問題，特權帳戶管理就是現在的新顯學，透過 Azure AD Privileged Identity Management 以時間區間與申請核准為基礎的兩項

核心功能，將企業內對於授權 IT 管理的長期持有人員數量降至最低，以減少因心存歹念之人透過長期持有的合法授權做非法的事，或無意間授權用戶被利用而有對公司機敏資料外洩的風險。另外，針對系統平台使用中的帳戶進行監視記錄的安全稽核動作，以提升安全性。

3.5.3　基礎架構

- 當需求員工需要連線存取作業時，先對 PIM 提出申請，如流程 1。
- PIM 流程服務會把此需求擱置，並讓主管做批准決定是否放行，並對此次任務賦予適當的臨時角色賦權，如流程 2 與 3。
- PIM 在接收到批准時，就會針對同步上來的 Azure AD 帳戶做角色任務的權限分配動作，並指定單位時間內可以執行任務，一旦超過就會失效無法再做存取，如流程 4 到 7。
- 需求者接收到 PIM 已經賦予的角色授權，就可以在指定時間內進行任務，如流程 8。

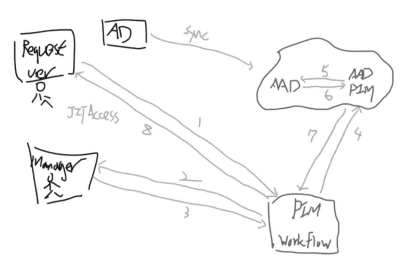

🎧圖 3-19　Azure Privileged Identity 架構示意

3.5.4　知識小站

◈ 特權管理核心流程

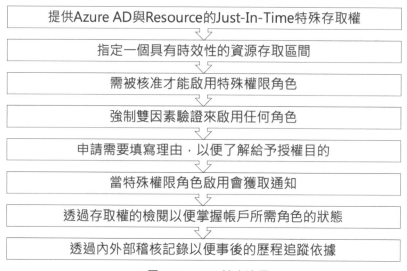

提供Azure AD與Resource的Just-In-Time特殊存取權
指定一個具有時效性的資源存取區間
需被核准才能啟用特殊權限角色
強制雙因素驗證來啟用任何角色
申請需要填寫理由，以便了解給予授權目的
當特殊權限角色啟用會獲取通知
透過存取權的檢閱以便掌握帳戶所需角色的狀態
透過內外部稽核記錄以便事後的歷程追蹤依據

⋒圖 3-20　PIM 核心流程

◈ 管理授權指派

　　PIM 在指派擁有者、使用者存取系統管理訂閱角色及 Azure AD 全域管理員時，預設都具有資源管理，以識別其角色存取權、群組、服務主體或 Azure 的資源服務。

◈ 成員資格差異性

- 合格指派本身只是有資格被指派賦權角色任務，但受指派的使用者須先執行條件動作，像是需要透過雙因素驗證提供申請理由並獲得核准者允許後，才能使用該角色。

- 有效指派則不需上述條件動作，就可以隨時都被賦予權限，但這是比較不建議的。

3.5.5 名詞解釋

▌表 3-8 專有名詞說明

專有名詞	說明
PIM （Privileged Identity Management）	為特權身分管理，雖然有先前的角色授權指派，但現在資安猖狂的世界，無論惡意取得存取權或授權用戶無意影響到機敏資料等事件的機率發生，但平時作業仍需要相對應的權限來做使用，透過審核管理機制來控制監視組織的資源存取狀況，進而把風險降至最低。
JIT （Just-In-Time）	為即時管理，其源於豐田車廠的生產管理學沿用到資訊業，實際上是作為即時性資源存取所賦予的時間限制，希望在限制時間範圍內，能把事情做好，而同時切斷任意開放的時間狀態下造成的資安漏洞。
MFA （Multi-Factor Authentication）	為多因素驗證，一般用戶都只有一組帳密來作為使用服務前的登入身分識別之用，無論是網路世界或人為環境，其實只有單一組密碼是非常容易成為破口，而透過第二道的驗證防護機制—動態隨機密碼（舉凡電話、簡訊或 App），就可以大幅降低被冒用身分來做任何惡意行為的情事發生。

 說明 Azure 獨立授權範圍有以下管道可以實踐：

- Microsoft 365 E5 版本授權試用。
- Azure AD Premium P2 版本授權試用。
- EMS E5 版本授權試用。

3.5.6　實驗圖文

◆ **實驗目標：管理者根據平台任務給予臨時性特權**

STEP **01**　圖 3-21 中❶至❹在 Azure Portal 透過啟用 Free Trial，讓 PIM 特權管理功能可以實測驗證，本次實驗來啟用 EMS E5 授權。

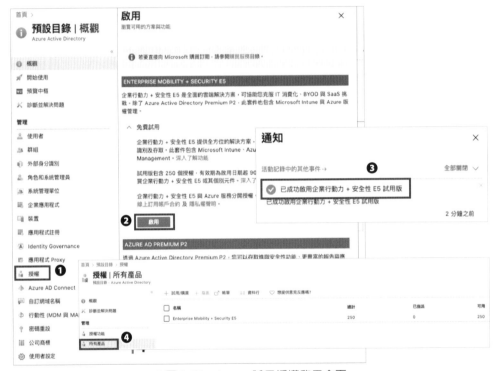

♠圖 3-21　Azure 試用授權啓用介面

STEP **02**　圖 3-22 中❺至❽在 Azure 訂閱中，選擇一組全域管理權限帳戶，作為後續主要的特權管理任務指派之用，授權的選項功能預設全部啟用，可根據自身需求來做調整適用的功能指派。授權在指派後，授權數量從 250 更新為 249 個。

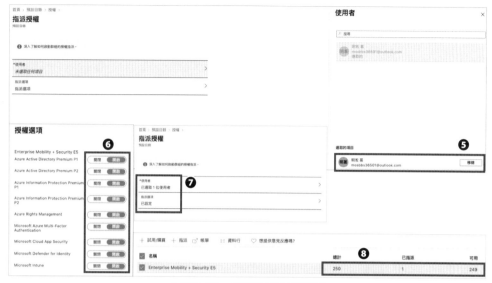

↑圖 3-22　分派授權管理細則

STEP **03**　圖 3-23 中❾至⓫在 Azure Portal 建立資源搜尋「Privileged Identity」後建立，如想快速管理，可對此服務釘選至左列表作為捷徑。

↑圖 3-23　Azure 服務搜尋並釘選

STEP **04** 圖 3-24 中❶至❹初始進入 PIM 服務後，透過指派資格來新增角色成員，幫忙清查檢視雲端組織目錄任務，故需要臨時性給予全域管理授權。

☊圖 3-24　Azure 特權管理成員分派

STEP **05** 圖 3-25 中❶至❶指派過程，決定要分派工作任務的人員，授予指定的任務期限內方能執行，一旦時限到了就無法執行，直到下一次的重新指派。

☊圖 3-25　特權管理指派類型

STEP 06　圖 3-26 中❶❽至㉑管理者回到 PIM 檢視使用中的指派，確實已給予角色任務並指定時效性，受指派的 Gary 帳戶登入 Azure，由於賦予臨時性全域管理權限，故可以檢視 Azure AD 目錄組織等清查任務。

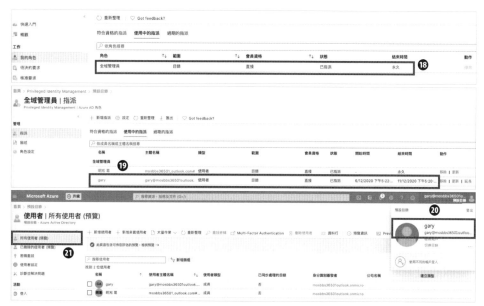

🎧圖 3-26　驗證暫時性授權帳戶登入作業呈現結果

3.6　技能解封中間章程：角色權力保衛戰 Azure RBAC

3.6.1　故事提要

◆ 重整眾將權力遊戲

歷經嘟希爾一步步利用各種手法裡應外合，誘惑天使城中眾將子民們，讓我們受到網內互打的抨擊，璐西尼決定要重整天使城，集合陣中各將士，面對自身心靈的最原本的初衷。除了內心方面外，在能力方面，無論看似得以擔綱大任的潛力新星或專司其職的角色城員。

是應該好好重振天使城，讓天賦滿滿的人才找到適合的角色定位，嚴守自身的崗位，守護著天使城的家園，維繫著每一位的天使成員，更維繫著人類世界，不讓魔神趁虛而入。重整權力的解析，回到人類聽得懂的代名詞「角色為基礎的存取控制」，讓我們接著看下去。

3.6.2　應用情境

只要有應用服務的存在，就需要有人來做一連串的工作任務使用，根據各自不同的服務立場範圍，透過不同的組織角色、專案任務或上下階層關係進一步做分權。

現代化的資訊流，無論企業內原來私有雲環境、租用公有雲環境，大大小小的資訊任務不間斷，都需要有人被授予權限來做管理任務。從組織角度上來看，無論是扁平化、階層式或專案任務型等態勢，以 Azure 為例，透過任務定位的不同而被賦予不同的角色權利。

- **基礎建設系統小組**：管理訂用帳戶中的虛擬機器、映像檔、儲存資料。
- **基礎建設網路小組**：管理訂用帳戶中的虛擬網路、VPN、流量管理分析。
- **專案開發團隊**：A 專案資源群組中的資料庫後端開發串接、效能優化。
- **平台帳戶管理**：Azure AD 帳戶管理、授權分派、成本分析、帳務檢視。
- **專案管理團隊**：允許檢閱整個訂閱下所有資源狀態，但僅為檢閱者。

上述示範為五種角色成員根據不同的組織任務，被賦予不同的資源存取權（不過現實場景並不會分這麼細，常常是一人分飾多角，只是理想狀態方便理解用），而專案期間常因建置部署服務關聯性而權限不足，導致無法有效完成任務，故建議在驗收交付前後再開始清理角色授權，以回到權力角色相對安全的狀態。

3.6.3　基礎架構

Azure RBAC 主要透過角色分權來達到資源存取控制的一種方式，主要由三個要素所構成，分別是安全性主體、角色定義及範圍三大類。首先，安全主體

指的是對 Azure 發起請求並索取資源的需求者，這來源可以是用戶、群組、服務主體或受控識別，尤其又以用戶或群組最為常見。

而角色能夠產生作用，全部要仰賴角色作業定義，無論是讀取、寫入和刪除等行為，變化出對 Azure 各服務單一或多樣化的行為動作，但記住如果對同一組帳號指派兩種以上權利，則會以最大的權力為主。

最後範圍部分從 Root 管理群組、訂閱帳戶、資源群組到最小範圍的服務資源本身，而對應到上述的角色分派，一樣都可以是同類型的角色（像是擁有者），只是同樣的角色但服務管轄被侷限到某個特定範圍區間，而範圍層級都有繼承關係。假設訂閱帳戶中指派 A 帳戶為擁有者，則在此訂閱下的所有資源群組，服務資源都有 A 帳戶擁有者的權利。

下面為簡單的角色基礎分派架構示意：

- Azure 資源階層來看，最上層實屬訂閱（稱 Sub）層級，第二層是資源群組（稱 RG），第三層是實際資源，此例為儲存體（Storage）。

- 而左側最上面是 IT 管理角色，所以須管理整個雲端平台，故屬於整個 Sub 涵蓋所有資源的框框，此範圍涵蓋了最大的訂閱擁有者權限。

- 而左側中間為開發人員只需要對某個專案負責，此範例一個專案代表一個 RG，而此開發人員只受限於在此 RG 內中間以下所有範圍擁有者權限，故除了此 RG 以外的資源都是不被允許也看不到。

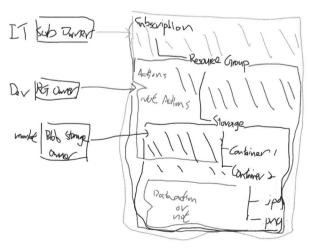

- 左側最下面為行銷人員需要常常上版，故僅允許此儲存容器下面範圍內可以作為上傳圖檔更新的行為，此行為外的資源一樣不允許也看不到。

🎧 圖 3-27　Azure RBAC 基礎角色示意

3.6.4 知識小站

◈ 何謂「服務主體」

「服務主體」的名詞很抽象，定義上來說，就是一個安全的身分識別，但有別於綁定在用戶本身，想像原來你的應用程式服務是沒有權利透過自動化工具來存取指定的 Azure 資源，但透過指定的帳戶或憑證，來作為此任務的特定身分識別，進而達到管理工作任務所需的最低授權需求。

◈ 何謂「受控識別」

簡單想，就是自己或應用服務本身不帶任何管理的身分認證，而是當需要存取資源時，找第三方的機構幫忙認可，而服務本身也把管理驗證交給了第三方，實際服務像是 Azure AD、Key Vault 為目前安全認證識別的方式。

◈ 常用服務角色列表

▌表 3-9　列舉常用角色

常用角色	說明
擁有者	允許管理所有訂閱內服務的完整存取外，也能指派 RBAC 角色。
參與者	允許管理所有訂閱內服務的完整存取，但無法指派 RBAC 角色。
讀者	允許檢視所有資源，但不允許進行任何變更。
全域管理者	針對 Azure AD 組織範疇的存取權，不含資源服務存取。
共同管理員	具有訂閱內所有服務相同存取權，舊版服務權限。

◈ Azure Portal、PowerShell、CLI 與 REST API 各自角色上的定義

▌表 3-10　角色定義的描述細節

角色	說明
roleName or Name	角色顯示名稱。
name or Id	角色唯一識別碼。
type or IsCustom	是否為自訂角色。
description	角色描述。

角色	說明
actions	指定角色能允許的管理作業。
notActions	指定角色能允許排除的管理作業。
dataActions	指定角色允許對物件內資料的管理作業。
notDataActions	指定角色允許對物件內資料排除的管理作業。
assignableScopes	指定角色可以指派的範圍。

◈ 指定作業字串格式

▌表 3-11　角色授權的字串格式示範

作業字串	說明
*/read	授權給所有 Azure 資源提供者，所有資源類型之讀取作業存取權。
Microsoft. Compute/*	授權對此 Microsoft. Compute 資源提供者的所有資源類型完全的作業存取權。
Microsoft. Network/*/read	授權對此 Microsoft. Network 資源提供者的所有資源類型，唯讀作業存取權。
Microsoft. Compute/virtualMachines/*	授權對虛擬機器及其子資源類型的完全作業存取權。
Microsoft. Web/sites/restart/Action	授權對網站應用程式做重新啟動的存取權。

3.6.5　名詞解釋

▌表 3-12　專有名詞解釋

專有名詞	說明
RBAC（Role-Base Access Control）	為角色基礎存取控制，使用各自角色授權指派來管理對 Azure 的資源存取。如：張三跟老李，前者為 PM，後者為 A 專案開發者，由於兩人職責不同。透過角色任務授權分配後，PM 擁有完整檢閱權限，以檢視所有專案全局，但無法變更修改。而開發者被給予 A 專案旗下完整資源群組參與權限，可專注在群組下的資源做開發。兩者權力各自獨立、互不影響，並保持 IT 管理唯一性。

專有名詞	說明
IAM （Identity and Access Management）	為身分識別管理，主要透過分派身分識別與授權管理來驗證並授予權限，像是員工、合作夥伴、客戶、應用服務等都是。
ARM Template （Azure Resource Manager Template）	為 Azure 資源管理範本，其每個資源都仰賴程式語法與邏輯框架，透過背景執行來完成需求者任務，當需要大量重複任務或自動協調流程作業，透過範本工具，除了能解決上述痛點外，後續模組化程式維護、腳本測試部署或資源擴充，都可以讓資訊工作更為高效。

3.6.6　實驗圖文

◆ 實驗目標：基本 Azure 訂閱服務角色授權

STEP 01　圖 3-28 中❶ Azure Portal 內訂閱點進去，在中間刀鋒視窗 IAM 存取控制功能看到角色授權指派介面。透過❷新增一組帳戶作角色指派，一般專案建置選用擁有者、參與者及讀者。

∩圖 3-28　訂閱帳戶中設定存取控制

STEP 02　圖 3-29 中❸目標對象通常是帳戶群組與服務主體本身。另外有所謂受控識
別，Azure AD 會為 Azure 服務提供受控識別。當使用此身分後，可向任何
支援 Azure AD 服務進行驗證，就無須任何程式碼中再增加額外認證，即可
存取。外部帳戶成員受指派時，都隸屬 Guest，而原生目錄下，帳戶則屬
於 Member。❹中 Guest 用戶會收到一封確認信，點選連結才能成功綁定
為訂閱角色成員，Member 則指派即生效。最後透過❺可以檢視各服務權
限功能讀寫刪除各自精細的功能支援列表，進而對照帳戶被給予的功能授
權情況。

∩圖 3-29　指派角色權限與授權通知

STEP 03 圖 3-30 中❻檢視訂閱或資源群組角色分配的帳戶角色分配情況。如需盤整所賦予的帳戶角色權力數量，透過❼可統計各個角色用戶或群組數量。

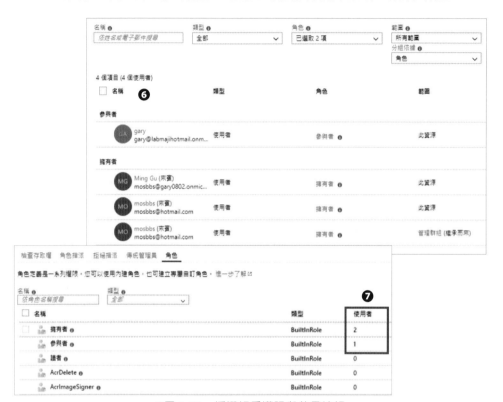

🔂圖 3-30　授權帳戶權限與數量檢視

CHAPTER

中間章程前傳：平台安全

4.1 技能解封中間章程：城內防禦機關重啟 Azure Policy

4.1.1 故事提要

◈ 天使城中的隱形屏障

在幾經波折紛擾後，亞瑟拉瑞下了一個重大的抉擇，幾個世紀以來，光明與黑暗的兩大派系一直都是相生相剋、無法共體共融的，雖然在每一次的戰役之中，總是能守下最後勝利的果實，但這絕非是件易事，如果想讓事情變得更為簡單，解鈴還需繫鈴人，方可事半功倍，如果這時候可以靠著邪魔自家起內鬨而自傷，或許能幫助我們打敗邪惡物種的，也只有牠們自己。

亞瑟拉瑞決定祕密嘗試這個計畫，喚醒來自先烈戰役中奪取下來的魔神兵器「血鬼屏障」，靠著原本是亞拉狄波旗下的子弟兵，因在一場戰役中受到亞瑟拉瑞的施恩而改邪歸正，目前被收編留校察看的屍爆術士，面對著屏障念念有詞，天空中籠罩起暗紅色雲霧，而快速往天使城移動，開始在城牆周圍颳起了一道道血紅色的幽靈氣流，透過屍爆術士注入自己血鬼術的加持，喚醒了魔界屏障，進而保護起城中的天使子民們。

雖然說召喚血鬼屏障極為強烈，一旦有了此結界，除了阻隔了魔神頻繁的強烈侵犯性，同時也抑制了城內天使意圖叛變的混沌心靈，暫時不再蠢蠢欲動打著世界之石的歪腦筋，認份的扛起保護人類的義務。結界的解析，回到人類聽得懂的代名詞「政策原則」，讓我們接著看下去。

4.1.2 應用情境

雲端平台服務的特性之一，數之不盡的服務資源外（誇張了點，但本意就是資源豐富），應用項目也極其廣泛，種類多達 200+，每每都有驚奇易用又更為便民的功能服務，然而使用服務之前，雖然有被明確定義使用的服務是否收費，費用又如何計算，但用戶常常仍還沒有理清楚當前服務的單價成本與計價方式就直接取用，即便有各種帳戶角色權限上的受限，但並無法限制因工作任務授權所賦予的權力。

　　常見成本超支問題，例如：還在預覽免費階段時，就直接取用並測試上線，但因試用結束，而恢復計費卻不自知，導致服務未關；或是已知計費但測試完一樣是忘了關閉或移除，進而讓成本持續增加。另種情境也很常見，使用某些服務時，會因為部分應用到的功能須關聯其他付費服務才能完善，舉凡儲存、記錄分析、金鑰保存、監視等，都是百搭但獨立的成本支出，當效能不佳時，可透過提升定價層的規格來達到當時所期望的目標，然而一旦系統不再繁忙，卻仍沒有把規格收斂回來。

　　另外回到安全合規的角度來俯瞰，小則虛擬機器是否有安裝防毒、備份代理、記錄分析代理、檢查是否防護完善等一連串的行為，好似資產盤點的概念，透過掃描比對條件確認後，開始配合自動或手動的方式一步步進行修補作業。而綜觀雲端平台的視角，檢視訂閱中所使用的服務是否合乎安全規範，透過原則作為提升安全準則的一套依循方式。

　　以上企業的痛點讓雲端平台開始思考，如何更有效管理並防範這樣的情境重複上演，透過 Azure 原則框架規範，進而大大提升企業組織的標準化及合規性。透過儀表板，讓管理人員可以更清楚檢視，評估訂閱環境間的整體狀態，往下深入至服務資源與原則間的嚴謹兼容，進而對現有資源做大規模修補任務。

4.1.3　基礎架構

- 以 Azure 資源管理為中心，最下排是撐起雲端平台的服務元件，舉凡虛擬機、網路、儲存等各類服務都需透過資源提供的 API，來與平台註冊建立關聯。而需求端無論透過 Portal、CLI 或程式 API 來做連線存取，都有各自所被賦予的角色權利，進而能對所屬目標服務做 CRUD[*1] 的合法動作行為。

- 透過原則作為資源保護政策，讓原來以人為中心的角色授權進而到資源控制本身，以免有了權限，無論有意或無意的彈指行為，同樣都可能影響到企業在面對雲端資源的不當使用，進而造成合規誤判及成本浪費。

[*1]　CRUD 為電腦程式一連串動作行為，分別為 Create（建立）、Read（查詢）、Update（更新）、Delete（刪除）。

- 原則範本無論透過微軟優化的內建原則清單或自定義原則方式，這都是需要投入時間資源來進一步部署實踐，無論角色分權、資源範本都會隨著訂閱數量不斷成長的情況下，不斷重複複製這樣辛苦的行為，也可能因為眼花、疲勞，而讓環境不一致，引發後續的負面效應。

- 總結上述三項服務來訂立一套統一的標準就叫「藍圖」，透過此藍圖就可輕易的大量複製政策規範，並因應企業組織彈性調整需求，而面對多個散落的訂閱時，同樣可以高效統一管理。

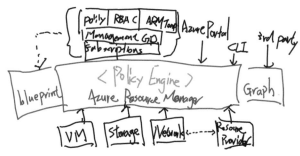

🎧 圖 4-1　Azure Policy 綜觀示意

4.1.4　知識小站

◈ 原則定義中效果解析

Append

其用意為當要求建立或更新資源時，會對資源新增額外欄位。例如：Blob指定允許新增的IP白名單。

Audit

當偵測到違規的動作時，會在活動記錄並告警但仍不會強制禁止。

AuditIfNotExists

如資源符合if條件就進行審核。舉例：監視虛擬機判斷是否有安裝其延伸模組防毒軟體假設不存在時，就會在遺漏此防毒才會進行稽核動作。

DeployIfNotExists

當資源符合條件後仍無此資源就進行安裝動作。舉例：判斷MSSQL是否啟用傳輸資料過程走加密的方式，如果判斷沒有走加密，則經過的15分鐘時間會自行啟用傳輸資料加密，以符合動作合規性。

Disabled

當測試過程中原則暫時無需使用，則可透過停用單獨的原則指派。此模式代替原來的enforcement Mode。(模式仍會評估資源但沒有任何效果套用產生)

Modify

當需建立或更新過程，會使用修改方式來新增，更新或移除資源。舉例常用於成本分析對於資源的標籤標註就會以此來做應用。

🎧 圖 4-2　Azure Policy 原則效果說明

◇ 原則評估判斷順序

檢查是否有Disabled，決定是否評估此原則。

評估Append和Modify，這兩種評定可改變要求，故進行變更可能導致無法執行Audit或Deny。

評估Deny，在Audit 前先評估 Deny 以免記錄到重複的資訊。

最後才Audit。

♪圖 4-3　Azure Policy 原則效果順序

4.1.5　名詞解釋

▌表 4-1　專有名詞說明

專有名詞	說明
Metadata	譯為中介、元資料，根據不同型態，而有不同詮釋任務，其目的均為了標準化描述標的資料屬性，例如：當我們想要描述一個杯子時，可能會從一開始的外觀描述起，像是形狀、顏色、大小再到功能等屬性。而杯子本身所屬資料，而描述這杯子的各項描述也是資料，這些資料就稱為 Metadata。
Built-In Policy	譯為內建原則，就是指很多專家已把常用所需原則給內定在裏頭，讓用戶無需自行撰寫，只要根據環境狀況套用，進而達到平台合規目的。
Patterns	譯為模式，也可以視為一個設計行為，為探討當面對不同情境需求狀況時，怎麼做才會是當下的最佳實踐。
Structure	譯為結構，明顯辭意上是較嚴謹、有規範性，當設計模式已決定好，假設本次資料庫設計是為了社群互動的行為分析，故採用 Key-Value 非關聯資料庫會是比較好的選擇，而 Key-Value 的結構規範定義與搜尋使用就是我們要遵循的。

4.1.6 實驗圖文

◆ 實驗目標：原則規範下的記錄分析代理安裝盤點與修正

STEP 01 圖 4-4 中❶至❸進入 Azure 訂閱，並在刀鋒視窗找到「原則」功能，點選「合規性」，會看到預設一組 ASC 規範在監視整個資源狀態，可以點擊此規範查看規則清單。

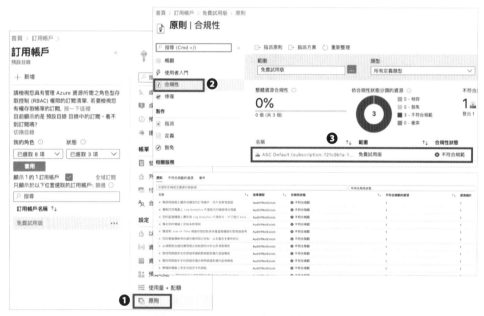

❶圖 4-4　Azure 訂閱中原則合規功能

STEP 02 圖 4-5 中❹至❻嘗試來新建一個原則，由於預設的官方範本原則非常豐富，可以透過搜尋關鍵字來快速選到自己所需，我們嘗試著識別 Linux 是否安裝 Log 分析 Agent，以利管理運帷，為本次的目的。

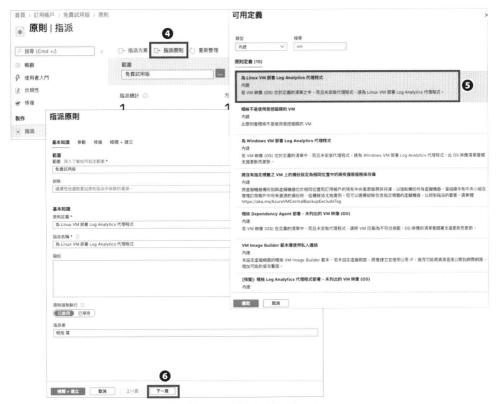

為 Linux VM 部署 Log Analytics 代理程式

🔖圖 4-5　原則指派功能介面

STEP 03　圖 4-6 中❼至❾建立過程須指定一組 Log 工作區，沒有的話，可以先去建立
　　　　Log 分析服務，設置過程定義「假設沒有安裝，則建立修補行為」，上述原
　　　　則無誤則建立。

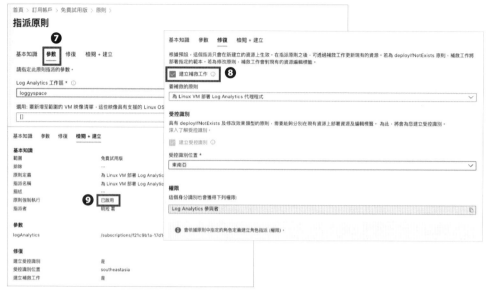

∩圖 4-6　指定的原則條件設立

STEP 04　圖 4-7 中❿檢視剛剛的原則已建立，⓫至⓭回到 VM 來檢視延伸模組的位
置，人工確認 Linux 沒有安裝 Agent，而原則狀態也顯示未開始。

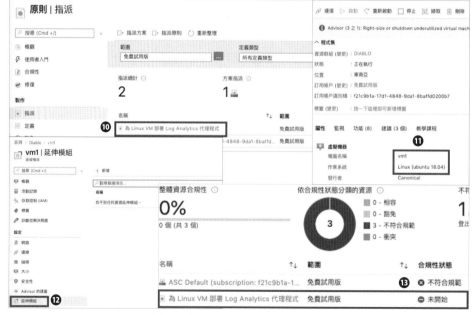

∩圖 4-7　原則分派完成並檢視結果狀態

STEP **05**　圖 4-8 中❶經過幾分鐘後，檢視到 Linux 因未安裝 Agent 顯示不合規狀態，
❶至❶開始對此虛擬機器建立修補作業，目的是進行 Log 分析 Agent 安裝
動作。

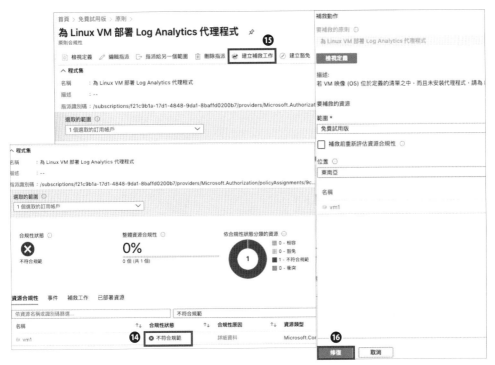

❶圖 4-8　掃描合規狀態並偵測自動啓用代理安裝動作

STEP **06**　圖 4-9 中❶至❶修復狀態進行中到修補完成，透過❶回到 Linux 延伸模組，
也看到已安裝 Agent 無誤。

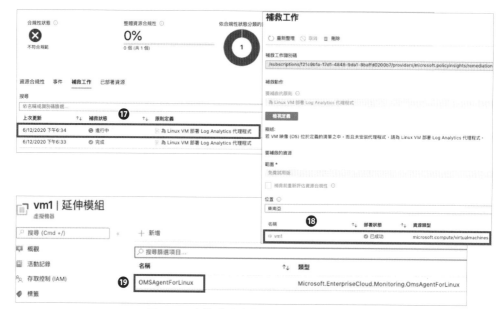

○圖 4-9　安裝成功狀態並檢視是否實際部署

4.2　技能解封中間章程：城池間的隱形之眼 Azure Metrics

4.2.1　故事提要

◈ 隱形監視者的逆襲

前情提要繼上篇章所述，天使城眾將士們，雖然受到血鬼屏障的強勢保護，但也僅僅只是讓城中的天使們齊聚一心，少了內憂反叛的念頭，但是身在遠處窺視的一方，黑暗中潛伏的亞拉狄波魔神軍團，似乎仍沒有停下腳步，這段時期的寧靜，就只是為了整裝軍備，等待一個合宜的時機點。試圖突擊天使城，讓城裡的天使措手不及。

奪取世界之石統治世界的慾望不斷高漲，然而就在某晚一個不速之客穿越了血鬼屏障，降臨在天使城的神殿大廳，亞瑟拉瑞的守護者見狀時，立刻透過分

身術飛快通知其他的守護者前來支援，正當以為又會是一場血戰的同時，這時候的她突然說話了。

對！原來牠就是亞拉狄波的爪牙「地獄火門神」，突然間棄暗投明，原來在先前的幾次戰役中跟著主子出生入死，塗炭生靈也是沒有自我，然而一場殺戮戰場中卻也犧牲了自己的孩子，然而他的死卻是亞拉狄波的犧牲品，當孩子受傷之際，伸出援手的卻是亞瑟拉瑞，我知道這孩子雖然出身魔域，但卻沒有殺戮之氣。

地獄火門神拋出這樣的震撼彈，邪惡反派轉而投向天使城，無疑是打了一劑強心針。牠為天使城佈上一個隱形監視結界，這魔界法寶可透視裡裡外外的任何風吹草動都能輕易現形。回到人類聽得懂的代名詞「計量監視」，讓我們接著看下去。

4.2.2　應用情境

一旦在雲端平台上開始長出企業所需的服務時，無論應用是面對普羅大眾，B2C 也好，B2B 也罷，B2B2C 或是針對公司內部的系統日常都好。

透過租用者的角度檢視雲端平台的服務，從雲端服務提供商的責任看上去，其實並不會輕易讓服務發生問題，有非常完善的骨幹，資料中心與之運行的架構備援機制、自動複寫保護資料等每種服務都有其對應 SLA 的服務級別協定保證，但常有個大前提，想要能保有租用的服務元件水準要有多高，則取決於願意投入多少高可用架構的保護成本，進而讓所使用到的服務都能保有高品質 SLA，非人為或大自然介入的情況下，則屬於雲端服務商的責任範圍。

然而雲端平台在本質上租用的任何服務，仍舊屬於一個個冷冰冰的 IT 服務元件工具，這都需要透過商業思維把實際的想法轉化到服務本身，這時候上面的服務也才有意義。故其實我們關心的是，我在上面的有價服務有沒有被照顧到，這才是平時所要關心的運帷日常，所以我們需要一些監視的機制，端看平時系統本身的狀態，能更快速判斷因應下一步的行動，與企業內無論是監視主機、設備、應用服務的觀念都會是一樣的。

有鑑於此，Azure 監視服務中的計量功能，透過對目標服務做監視資料的收集到儲存體中。自定義資料比較條件型態，進而有一個更符合自身價值上的呈現。除了計量儀表的監視外，透過偵測條件觸發，超出臨界值時主動告警，同時也把發生的事件狀態，透過儀表板來作為每日 IT 運帷的生活日常，以視覺化的方式呈現，讓整個雲端平台上所運作的應用服務，都可以有更全面的掌握。

4.2.3　基礎架構

下圖中可區分為左側，右側與中間三個區塊：

- 框框左側外屬於資料收集的輸入來源有哪些，大致歸類像是應用程式、作業系統、訂閱、租用戶、Azure 資源及其他的資料來源。

- 框框左側內屬此服務引擎中樞，區分兩大重要服務，分別為計量與記錄兩種不同類型的資料儲存區域。前者可隨時因應現況，以圖表視覺來呈現一連串的線性趨勢狀態，以作為突發狀況或預測防範之用。後者則是 Log 紀錄，以方便追查過去可能所發生的事件，進一步做調查分析之用。

- 框框右側內把前面所輸入的各種資料，透過計量與記錄功能，配合用戶需求進而做有效的篩選查詢分析，呈現各種視覺化統計圖表。根據所需的觸發條件主動性回應，包含告警通知或觸發後的自動化行為，例如：發生負載量過大已經不足以應付時，則透過伺服器的自動水平擴展等。

- 最後不僅僅上述服務行為因應，企業的商業流程（像是搭配自動化整合）透過 Azure 原生服務如：LogicApps、API、Webhook 等，根據不同的目的需求來做因應。

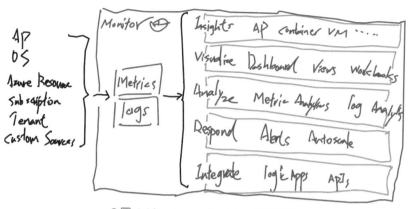

ᐩ圖 4-10　Azure Metrics 架構示意

4.2.4　知識小站

計量圖表當遇到資料異常或空白狀態的溫馨提醒：

- 各項資源服務都有所謂的「資源提供者」，需要對訂閱內服務註冊，而計量要能運作的初始條件就是啟用註冊，進到訂閱內找到刀鋒視窗，下捲找到資源提供者列表來檢視 Microsoft.Insights 是否註冊。

- 計量要能檢閱，需要角色存取控制。故如需檢視計量狀態，其最少的授權角色為監視讀者、監視參與者或參與者，才能瀏覽 Azure 資源計量。

- 選取不合時宜的時間區間，例如：原來已關機解除配置的虛擬機器就不會產生計量，或是剛好選取的時間範圍內就沒有存取事件發生。

- 預設計量會儲存三個月。但對於單一圖表則更只有僅僅一個月的查詢限制。要突破此限，則可透過 Log Analytics 服務，進而提升更長效的歷史保留紀錄，但也伴隨額外的成本需要注意。

- 當圖表縱軸數值界限被鎖定，如鎖定在 0% 到 50% 之間，而計量剛好 >50%；如顯示 60%，則會因為超過可視區範圍，而讓圖表呈現空白。

- 無法查詢虛擬機器 OS 服務內的效能狀態時，則需檢查是否啟用對 Guest OS 的擴充診斷，才能支援其狀態檢視。

- 當圖表呈現虛線時，則表示連續的數值間有漏，如：當監視某服務時，其最小時間顆度是一小時，而計量持續監視過程依序 05:00、06:00、07:00、09:00，左邊數來第三與第四項資料之間的間距，因為突破常規性導致異常，進而呈現虛線狀態。

4.2.5　名詞解釋

▌表 4-2　專有名詞說明

專有名詞	說明
Metrics Explorer	為計量瀏覽器，隨時間推移，收集並儲存度量與數值，作為量測標準，把監視服務狀態用多維度視覺化方式，將數據圖表呈現出來。
Workbooks	為活頁簿，就是提供畫布，無論是內建分析範本或跨多資料來源設計，整合更多貼近公司的分析，以呈現出更豐富的視覺化報表體驗。
KQL（Kibana Query Language）	Kusto 是一種專門處理巨量資料的結構化查詢語言。也因為語法易於理解，故撰寫自動化資料模型時，配合純文字來做陳述。而查詢結構也類似 SQL 資料庫，而 Azure 是採用此作為查詢語言之用。
Namespace	為命名空間，但計量檢視範疇是指把計量用來分組或分類，進而選擇更為精細的計量指標。

4.2.6　實驗圖文

◈ 實驗目標：監視常用的操作日常

STEP 01　圖 4-11 中❶至❸進入 Azure Portal 後，搜尋「監視」並進入此服務後找到計量，開始以篩選的方式找到所需監視的標的數據，可以繪製出各種計量的多維度圖表，其中新增圖表可以多視角檢視，如：CPU 運算平均用率，並搭配檢視對外對內的網路傳輸總量。

STEP 02　圖 4-12 中❹則是可以將多台同樣資源類型用統一計量數據來做交互比對，
　　　　如：兩台 Windows VM 中過去七天的 Disk QD 值的狀況，而❺至❼分別是
　　　　篩選監視的時間區間，並把決定好的監視圖表釘選到儀表板上，方便日後
　　　　登入 Azure，就可直接檢視儀表，以掌握各服務指標的線性狀態。

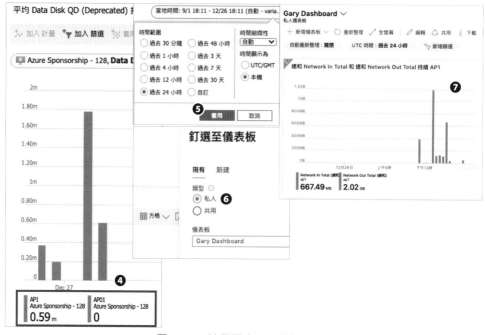

♪圖 4-12　計量圖表呈現的結果調整

> **說明**　時間維度上，有所謂「過去 24 小時」內平均匯總的主機時間回應長度，假使時間設為 30 分鐘，則 24 小時會用半小時來切，一小時會 2 點，一共 48 個資料匯集點來繪製圖表。每點代表半小時內主機要求的所有接收到的回應時間平均值。故舉一反三，如時間顆粒切至 15 分鐘，則會得到 96 的資料彙集點。每小時 4 點乘上 24 小時，以此類推。

STEP **03**　圖 4-13 中❽至❾，當顯示的數值變化波動過大時，則可透過鎖定圖表 Y 軸方式來做固定，假設原來呈現是以 MB 為單位，透過手動改為 GB。

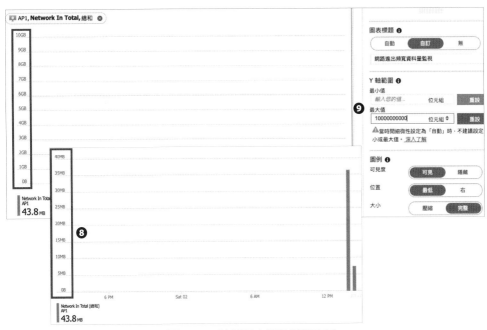

∩圖 4-13　計量圖表縱軸調整表示

STEP **04**　圖 4-14 中❿至⓬可依維度來分割計量，視覺化顯示各區段間差異性。

∩圖 4-14　計量維度分割呈現

4.3 技能解封中間章程：城池間敢死報信者 Azure Alert

4.3.1 故事提要

◈ 監視結界的報信者

上篇回顧亞拉狄波的手下地獄火門神，整碗捧來了一個大禮，讓天使城第一次受到異世界天然屏障「隱形監視結界」保護著。

但僅僅只有功能單一的隱形監視，並不足以有效抗衡亞拉狄波魔神大軍，正所謂「知己知彼，才能百戰百勝」，要讓隱形監視極大化，還欠東風，地獄火門神先前也可以說是殺戮獵人，兇殘程度可比一般，吞噬了不少血肉而不斷進化。

一道讓自己功力砍半的邪靈程序，將寄居在自己身體內的隱鬼靈魂注入到隱形監視結界中，進而進化成魔眼監視，在面對任意的 5D 傳導波動預判可能的攻擊途徑，提前發動隱鬼向駐守邊疆城外的天使將士們保持警覺隨時回防。回到人類聽得懂的代名詞「警示通知」，讓我們接著看下去。

4.3.2 應用情境

雲端平台上，每個服務都有各自的品質服務水準，其中涵蓋了基礎建設服務本身與公司企業，為了生存而搭建設計的商業服務。而我們常透過儀表時不時來關心其服務狀態。這樣的運帷是一般資訊管理的生活日常，資訊管理人員本身除了忙於公司交辦的任務外，時不時的盯防監視，還要確定能看懂圖表計量所呈現的區間狀態。然而上班時間還不打緊，如果在非上班時間時，又會是無人管理的風險存在。

假設能化被動為主動，由應用系統、雲端服務元件透過條件觸發，主動通知系統管理人員，進而提早預測防範未然，在還沒有發生嚴重災情時，爭取時間來冷靜判斷，並做出更為全面的下一步執行因應。

　　一旦達到警戒條件觸發，開始下一個階段任務的危機處理，儘可能把損失風險降至最低。然而一般最可怕的並非事件觸發，而是隨著時間軸的推進仍渾然不知，開始引發蝴蝶效應，進而造成了無法彌補的巨大損失，開始引發民怨，直接讓商譽與營收嚴重受創。

4.3.3　基礎架構

- 當資源受到告警範圍的保護，保護的資源像是虛擬機器、網站、儲存、網路、備份、容器等雲端平台上涵蓋大部分的資源。
- 當事件發生時會對目標發出信號，例如：活動記錄、應用程式探查、度量等。
- 而信號產生後，會到下階段來對應所設立的條件，像是：CPU >=85%、Memory >= 75%、伺服器回應時間 >= 10ms 這類。
- 條件一旦比對符合，就會開始對圖中左右兩側各自執行後續動作。
- 右側是條件觸發後對事件呈現持續性監視狀態，像是警示、標記嚴重性等。
- 左側則是觸發後產生告警後直接採取的行為動作，其根據動作群組的設置而定，例如：告警郵件通知、簡訊通知或透過 LogicApps，進而對所屬目標服務進行自動化的處理。

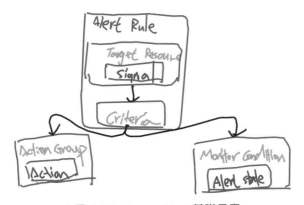

🎧圖 4-15　Azure Alert 基礎示意

4.3.4　知識小站

◈ 智慧群組

當越來越多的警示規則再也無法有效管理時，透過機器學習依過去歷史資料來做演算，把相似結構屬性自動做警示歸類，進而新建智慧群組。像是當多台虛擬機器在同一時間突然 CPU 飆升時，開始一個個示警通知，而這類行為經過一次次的學習後，開始歸類為同組同根源，讓管理警示能降低干擾，也更快找到問題原因。

◈ 各類警示通知的限制

- **簡訊**：每五分鐘 <=1 封。
- **語音**：每五分鐘 <=1 封。
- **電子郵件**：每一小時 <=100 封。
- **其他動作**：像是 App 推播和 Webhook 則不受限。

◈ 警示資源移動影響性

- 需重新建立受影響規則來指向新的資源，如：活動記錄警示規則、動作規則、傳統警示及計量警示。
- 而記錄搜尋警示規則和智慧型偵測警示規則目前都不支援跨區移動[*2]。

4.3.5　名詞解釋

▌表 4-3　專有名詞說明

專有名詞	說明
Alert	為警示，當您的服務應用透過監視條件比對到異常，觸發警示來做主動通知。目的是在問題擴大之前，能找到方法並得以解決，把損失風險降低。

[*2]　移動範圍：訂閱與訂閱之間，資源群組與資源群組同一 Region，資源群組與資源群組之間跨不同 Region。

專有名詞	說明
Severity	為嚴重層級，透過符合警示規則中指定的準則，所歸類出的警示嚴重性，常見為 0-4，分別從輕到重為詳細資訊、資訊、警告、錯誤與重大。
Action Groups	為動作群組，當條件觸發後，會需要下個行為動作，而接收的標的則由原來設定好的動作群組處理，所支援的行為動作，常見像是郵件與簡訊通知，Webhook、LogicApps、Runbook 進而直接對資源做回應。

4.3.6 實驗圖文

◆ **實驗目標：基本動作群組條件與平台告警日常**

STEP 01 進入 Azure Portal 後搜尋「監視」，並進入此服務後找到警示。

STEP 02 圖 4-16 中❶至❷一開始先行新增規則中的管理動作群組，包含選擇的訂閱、放置的資源群組位置與自訂動作群組名稱，❸指定通知的模式，常用於訂閱中指定的角色收到警示通知，另外也可以另設服務廠商 E-Mail 作為運帳專用。

♪圖 4-16　警示服務中的動作群組通知建立

STEP 03 圖 4-17 中❹除了收到被動的警示通知外，如果要主動採取系統動作可以透過下拉選單所支援的功能設置，最後❺至❻在設置完成後，就會有一條動作群組，作為日後警示管理設置，可以視需求重複套用即可。

♠圖 4-17　動作群組執行的動作建立，也可不做任何動作僅通知

STEP 04 圖 4-18 中❼至❽開始設定規則的觸發條件，此例中當嚴重層級達到 0、1、2 時，就要啟動執行告警通知的動作。

♠圖 4-18 建立警示的規則條件

<u>STEP</u> **05** 圖 4-19 中**❾**至**❿**，基礎地理區域服務層級的告警通知設置，包含可以篩選指定通知的訂閱，Azure 服務與地區即可，而設置警示過程也有事件類型來做選擇，如果不需要一般資訊日常通知，則可以勾消後套用，最後對應套用剛剛設置的動作群組即可。

♠圖 4-19 Azure 服務健康的警示建立

STEP 06 圖 4-20 中⑪至⑬則把原本的計量從原來被動性檢視儀表狀態行為，轉而變成主動通知，當達到所指定的條件時觸發，而動作群組套用上述相同郵件告警動作。

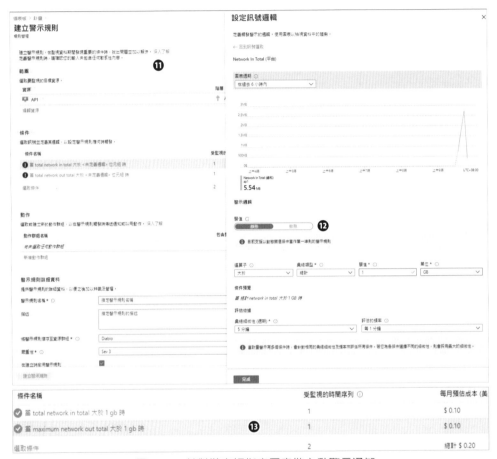

⋂圖 4-20　針對儀表板指定圖表做主動警示通知

STEP 07 圖 4-21 中⑭至⑮則是以 Log 分析出來的指定度量紀錄，仍可以設定主動告警通知，而最後⑯一條條告警規則可回到警示管理規則檢視即可。

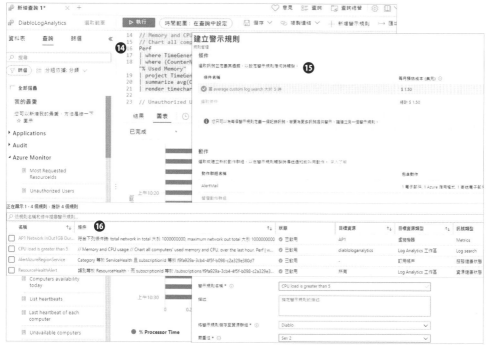

◑ 圖 4-21　針對 Log 分析查詢條件下的資訊設定主動告警

4.4 技能解封中間章程：城池維安御林軍 Azure Security Center

4.4.1　故事提要

◈ 御林軍：及時雨的到來

　　亞拉狄波魔神首領之一突襲天使城，在大軍壓鎮之下，隱鬼監視已無用武之地，面對大軍正面迎戰，天空一片漆黑，完全伸手不見五指，轉眼間火舌四處流竄，地獄召喚的九頭蛇舞動著身軀，大口噴著火球就是一陣猛攻，瞬間城外士兵死傷慘重，就在眾將不斷受到火攻而平時缺乏對溫度的抗性，讓防禦值大幅下降。

在這時一個光速飛快的殘影一瞬之間，召喚九頭蛇的魔術士頭落了地，九頭蛇消失了，煙霧也慢慢消逝，原來是亞瑟拉瑞使用巴赫克爪技拯救了大家。

但亞拉狄波怎可能就這樣罷休，開始對天空嘶吼咆嘯，一個轉身擺尾對地面一震，整個空間都天搖地動，同時還有魔奏鎮魂曲助陣，又開始擾亂了天使城內外大小天使的靈魂。

就在亞瑟拉瑞也一籌莫展之際時，就在此刻，結界傳送門突然開啟，一陣光耀刺眼，一道雪白晶透的隧道連通，來至冰川艾布拉頓所帶領的御林大軍逆襲，逼退了亞拉狄波所帶領的軍隊，而得以讓天使城獲得重生，保住了世界之石。回到人類聽得懂的代名詞「資訊安全中心」，讓我們接著看下去。

4.4.2 應用情境

雲端平台上運行的服務中，無論對外運營的商業應用，或是企業內部透過私有網路存取，服務看似一切良好，系統服務高效可用，透過監視數據似乎一切都掌握在自己的手中，不過這都僅限於和平共榮的社會體系下，不然也就不需要勞煩波麗士大人、執法者來打擊犯罪，但這似乎不太會在真實場景中出現，做個好夢倒是有可能。

假設性認為這個世界就是肉弱強食，換句話說，當你看起來似乎不太好惹時，其實你處在的安全範圍是相對高的，除非有著非你不可的利益而願意冒險犯進，不然基本上能吃弱的，是不會挑硬的吃的。有了這樣的基本觀念，套回自家資訊服務，也是一樣道理，要嘛就是窮到連鬼都怕，不然就是商業價值利益極高，讓人虎視眈眈。相信大家寧願遇到虎，也不要變成鬼。

言歸正傳，在雲端平台中該正式上線的服務、該開發測試中的應用系統，也都中規中矩的運行著，但卻無從得知現行身處的狀態環境是安全還是風險？是漏洞百出還是安全合格？

是否需要重金禮聘資安專家運用過去專業經驗檢核環境，但也可能在複製過去成功經驗的同時，忽略了因應現代化變異極快的資安趨勢，然而兩光一點，可能只是頭痛醫頭、腳痛醫腳，因而延誤了潛在的病情呢。

隨著企業任務在雲端平台上持續擴大應用，持續跟進變化極快的世界趨勢潮流，已然無法有效面對這樣的態勢。故一個雲端原生的資訊安全中心，強化了Azure 平台資源的安全狀態、評估系統、資料庫、容器、儲存等服務，給予威脅預防建議和安全警示。原本從 Azure 自家服務也開始照應到其他雲端平台及企業內伺服器的混合環境，以提供更為全面的進階威脅防護，保障其合規性規範，就像背後所雇用的資安 AI 機器人一樣隨時隨地，把關企業的安全健康。

4.4.3 基礎架構

- 下圖左側，Azure 以外只要屬於伺服器類型，無論是 Windows/Linux，仍可透過安裝 Log 分析代理程式，讓資訊安全中心來做監視管理的保護任務，正因如此，除了企業內部，仍可支援其他的雲端平台上的虛擬機器來做保護，像是 GCP、AWS、OCI 等均可實踐。

- 下圖中間，其他雲端平台或企業內因應政策規範，不可直接對外的伺服器仍舊需要被保護，故透過 DMZ 區域的網路代理，統一對資訊安全中心做通訊溝通、紀錄收集的動作。

- 當收集到的事件會透過資安中心的分析引擎，相互學習比對後進行關聯，確保受保護服務本身的安全狀態及建議，視條件觸發安全警示來提醒管理者。

- 下圖右側，Azure Sentinel 則是雲端原生 SIEM，透過對資訊安全中心的整合，從前端事件收集，中間日誌管理與後端更智慧化安全事件關聯分析，進而幫助客戶偵搜、預防與回應企業威脅對策。

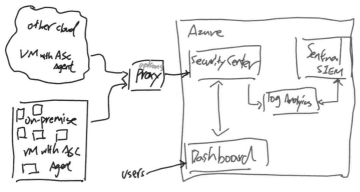

🎧 圖 4-22　Azure Security Center 基礎架構示意

4.4.4 知識小站

◈ 資訊安全中心方案核心流程

1. 授予安全性角色和權限存取的人員配置。

2. 定義安全範圍，包含收集標的、管理原則、警示通知及所需匡列的成本。

3. 除了 Azure 原生支援服務外，非 Azure 其他雲端或企業內監視部署。

4. 收集來源主機資訊至記錄分析工作區。

5. 持續性安全資源儀表監視，並針對系統羅列出的建議做評估改善。

6. 最後一哩路，無預期性的突發資安情事威脅時，而能做出的處理回應。

◈ 以一個企業的角度檢視其資訊安全各司所職的角色任務配置

♠圖 4-23　企業資訊安全角色全責概觀

4.4.5 名詞解釋

▌表 4-4 專有名詞說明

專有名詞	說明
CSPM （Cloud Security Posture Management）	為雲端安全狀態管理，Azure 用戶免費偵測所支援的 Azure 服務安全性狀態清查等行為並評定分數，進而加強混合式雲端態勢與追蹤內建原則合規性。
CWPP （Cloud Workload Protection Platform）	為雲端工作負載保護平台，主動為雲端和企業內混合工作負載做更多深入的智慧威脅防護。也可以開始自訂原則計畫、新增法規標準、檔案存取完整性等。
FIM （File Integrity Monitoring）	為檔案完整性監視，檢查 OS、應用程式等防護檔案或機碼被惡意竄改。透過版本比對狀態是否有異。
AAC （Adaptive Application Control）	為自適性應用程式控制，AI 自動指定學習主機所允許的安全應用清單，非清單內則無法執行。
ANH （Adaptive Network Hardening）	為自適性網路強化，強化 NSG 規則，透過實際流量、已知信任、威脅情報或其他惡意指標等因素拉進機器學習演算法後，進而提供更佳的智慧建議。

4.4.6 實驗圖文

◈ 實驗目標：綜觀安全中心功能與混合部署監視

STEP **01** 在 Azure Portal 中搜尋「資訊安全中心」，或是左側預設已釘選到捷徑上。

STEP **02** 圖 4-24 中❶透過概觀可以綜觀整體安全分數。透過❷至❸進一步檢視訂閱分數下的服務控制建議，來進一步做資安的改善修正。

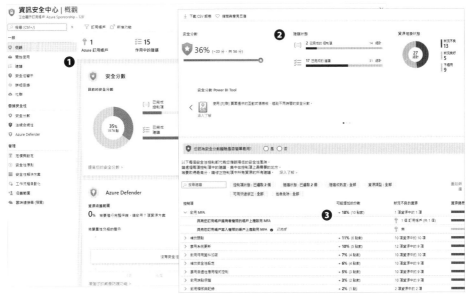

❶圖 4-24　資訊安全中心概觀呈現

<u>STEP</u> **03**　圖 4-25 中❹至❻啟用進階的資安功能，預設免費層對於安全分數下的資源，建議是預設就會提供的，但有更多資源的主動性防禦與合規性需要投資必要安全性成本，來讓整個雲端資安環境所涵蓋的面向更全面。

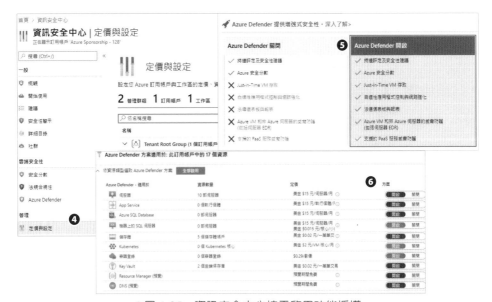

❶圖 4-25　資訊安全中心按需啟用功能授權

STEP **04** 圖 4-26 中❼至❽投資成本就希望效率最大化，故自動部署包含原有或新建
虛擬機都可直接套用來達到安全保護目的，而❾則可設定管理者郵件，以
利主動通知，最後❿如有端點防護及影子安全監視，則可以進一步整合。

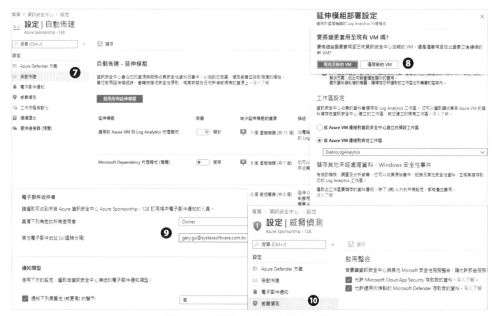

⊕圖 4-26　資訊安全中心的常用設定

STEP **05** 圖 4-27 中⓫至⓬多種資安合規模板包含 ISO 27001、PCI DSS 等，都可作為
後續企業資訊對安全規範上的依循，可匯出如 PDF、CSV 檔來做檢視。

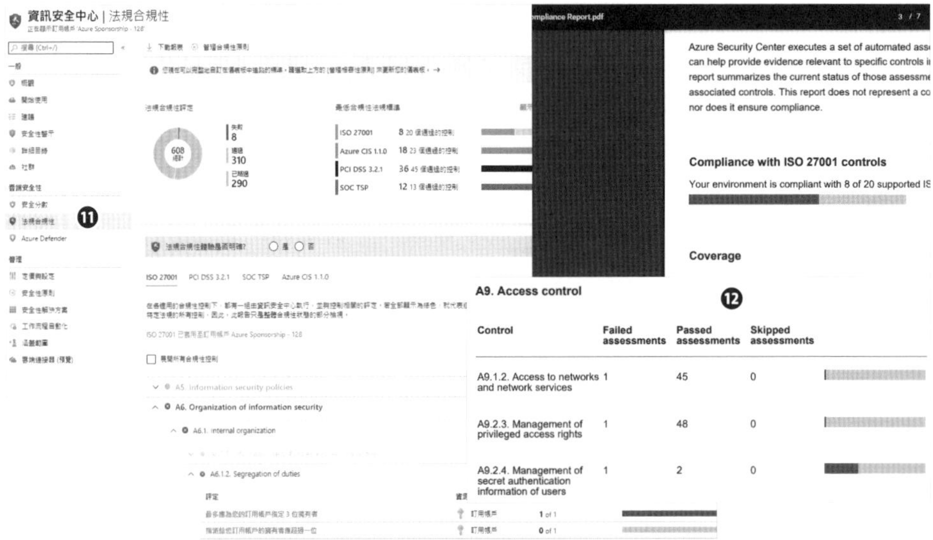

⮉圖 4-27　資訊安全中心的法規合規性與報告示範

STEP 06 圖 4-28 中⓭至⓯的資料來源一般屬原生雲的資料，如有非 Azure 的資源監視，如企業內伺服器，則可透過部署代理來做資安上的統一管理，透過⓰ Log 分析可確認剛剛非 Azure 的主機已被註冊上去。

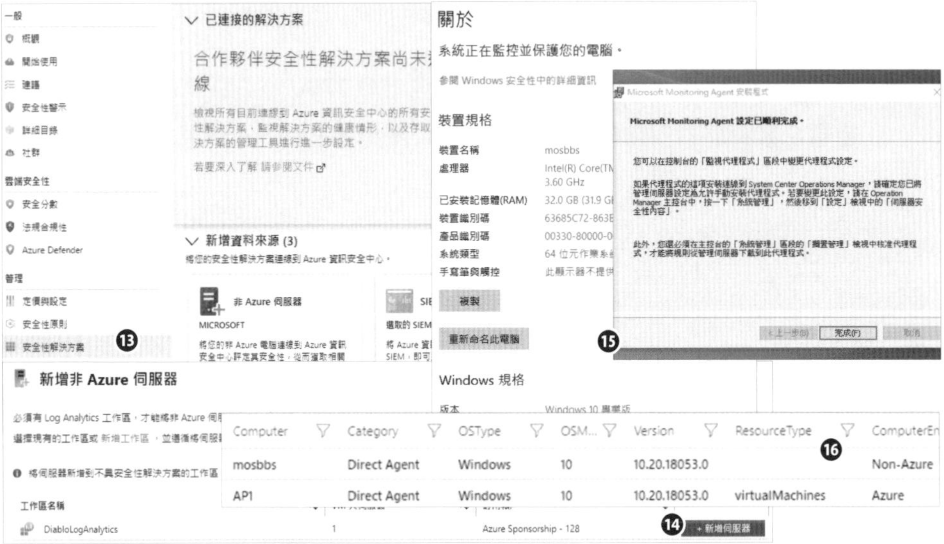

⮉圖 4-28　資訊安全中心中新增資料來源非 Azure 伺服器的示範

STEP **07**　圖 4-29 中⓱至⓲再經過註冊後一些收集資訊的時間，警示到這台電腦有明顯被攻擊者使用預定義的帳密來嘗試多次登入，並同時給予安全建議。

🎧圖 4-29　資訊安全中心中觸發的安全警示與建議動作

STEP **08**　圖 4-30 中⓳至⓴最後秀出針對七種可支援的資源服務來做安全保護，透過 Defender 的進階防護功能，則會依照所保護的資源類型不同，而有相對應能支援的保護，原則上伺服器主機類型是支援度最完整，其他類型就各有取捨，進而設置防護控制，來進一步讓系統主動回應。

🎧圖 4-30　資訊安全中心的 Defender 進階主動防禦功能

說明 非 Azure 原生伺服器根據 OS 各自支援的功能範疇：

▌表 4-5　兩種 OS 各自支援資訊安全中心功能比較

Windows	Linux
Microsoft Defender ATP 整合	--
VM 行為分析和安全性警示	VM 行為分析和安全性警示
無文件安全性警示	--
檔案完整性監視	檔案完整性監視
自適性應用程式控制	自適性應用程式控制
法規合規性儀表板 & 報告	法規合規性儀表板 & 報告
缺少 OS 修補程式評估	缺少 OS 修補程式評估
安全性錯誤的評估	安全性錯誤的評估
Endpoint protection 評估	Docker 託管 IaaS 容器上建議和威脅防護

說明 列舉進階防護簡述如下：

● 伺服器主機弱點掃描可用於 Qualys，在此無需授權即可安心使用。

● Just-in-Time 限時控管日常的主機連線作業。

● 作業系統及應用程式都可透過檔案與登錄檔的比對來確保是否有被竄改，安全規範也可更嚴謹決定什麼軟體程式可以執行，不在白名單的就予以禁止。

● Docker 自建也是常態，故透過容器安全強化，直接識別 Linux 自建的 Docker 服務，透過資安防護規則來評估其容器是否合規。

● 如果非 Azure 原生機器，則可以參考表 4-5 中所能支援的功能來做檢視評估。

5

CHAPTER

中間章程後傳：主機安全

5.1 技能解封中間章程：庇護所疫軍之亂
Anti-malware

5.1.1 故事提要

◈ 誤觸邪靈之血，往內互打

維繫著世界的平和本身是樁美事，但太過平靜總有種說不出的危機感，幾個鎮守在南城門的護衛天使，也就是奧岡絲所帶領的軍團侍衛突然之間，臉部表情扭曲，開始在地面上痛苦打滾，同樣鎮守的同袍弟兄目睹此狀，趕緊飛奔而上前去攙扶搭救，才正要扶起同袍並同時連絡城中的救護天使時，就在這剎那間！突然之間的嘶吼慘叫衝破天際。一個個慘絕人寰的景象歷歷在目，可怕的情事活生生出現在大家眼前。

一個個突變活像個喪屍，沒錯！憶起過往在某次的戰役中，默托奇尼頭目負傷拖著自己虛弱的身軀，為了能讓自己重生，將自己的生命泉源注入到一個暗黑九龍杯之中，而杯內裡正裝著闇紫色黏稠活性液體，而這正是默托奇尼當時所遺留下來的邪靈之血。

此杯就不偏不倚的卡在蠻荒沙漠的某處石縫間，好奇心真的會殺死貓。就是這幾個護城天使在一次的夜訓時發現而偷偷帶了回來，正與幾個弟兄好奇把玩此物，一個不小心手滑打翻後，剛好噴濺在大夥的身體皮膚上。當時不疑有他，簡單擦拭被噴到的皮膚部位後也沒再多想。

溶劑隨著皮膚進入到血液中開始四處流竄，醞釀成為默托奇尼手下的邪靈喪屍，事已至此，趕緊止血，把染疫嚴重性降至最低才是上策。

天使殿上有個聖池，還好經過奧岡絲施加祕法，把聖水霧化後，大範圍形成一個個隔離結界，讓同伴們淨化，逼出邪靈來讓身心靈可以恢復到原來的模樣。而天使城也避免內亂互打的情勢發生。回到人類聽得懂的代名詞「惡意程式碼掃描」，讓我們接著看下去。

5.1.2　應用情境

當公司企業運用雲端平台上的虛擬機器作為服務核心時，還是苦口婆心的強調（因為很重要，所以要說三次）。雲端基礎建設服務主要核心目的是為了解決你我無須一連串疊層架屋的繁瑣過程，就可輕鬆長出您所需的作業系統，而可以更為快速專注在企業應用開發與商業邏輯上面。然而，作業系統本身的控制權，並不屬於雲端平台服務商可以介入的，仍舊是回歸系統本質由用戶做主，不然大家試想如果真的可以這樣神通廣大，你我還有隱私可言嗎？當有了此觀念之後，我們就可以回歸對防護的初衷，作業系統本身除了虛擬網路之間的閘門進出入防護外，一旦通過就到了系統本身了，由此可知面對主機的守護，目前資安趨勢中火紅的端點防護有多重要，而傳統的認知上，我們還是稱為「防毒軟體」。

講了這麼多無關痛癢的話語回歸正題，現實生活我們可以如何因應，假設自家已經有了防毒軟體，只要所採用的防毒在雲端平台上可以合法使用，就可一台台自行安裝或是把企業與雲端透過安全私有通道 VPN 打通，讓路由找得到雙方來源與目的端，就可讓防毒中控台進行派送來做自動化安裝。

假設目前公司就是沒有採購或沒有足夠防毒授權，雲端平台仍有免付費提供用於 Azure 虛擬機器透過 Antimalware 作一個基本的防惡意保護，其有助於識別和移除病毒、間諜或其他惡意軟體。然而如果不幸在受 Antimalware 保護之下，惡意軟體仍嘗試強制安裝時，則會觸發其判斷條件並做告警通知。

5.1.3　基礎架構

- 當虛擬機器或其他雲端服務需要安全防護時，Azure 服務管理員針對所屬虛擬機器和雲端服務，啟用 Azure Antimalware 端點防護。其中部署方式虛擬機器可透過 Portal 的管理介面刀鋒視窗，針對延伸模組來擴充，雲端服務則是可以透過 PowerShell 來做匯入佈建。

- Antimalware 反惡意程式一旦啟用，如果沒有特別自訂規則，則會由預設組態來啟動保護機制。

- 一旦保護機制啟動後，Antimalware 監控程式會開始從 Internet 持續性更新其保護引擎，讓 Azure 虛擬機器受到持續的更新保護，而更加完善。
- Antimalware 會將相關事件寫至作業系統的事件檢視，其事件如：用戶健康狀態、修復、新舊組態引擎更新等資訊狀態。
- 最後反惡意事件記錄會寫入至 Azure 儲存體中，以利日後監視比對之用。

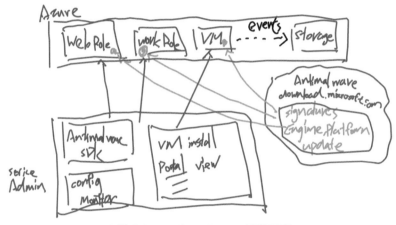

∩ 圖 5-1　Anti-malware 架構示意

5.1.4　知識小站

◈ 預設反惡意程式碼組態

▎表 5-1　Anti-malware 組態參數

功能	預設值	選項
Antimalware 服務	啟用	True
排除掃描的資料檔案	不啟用	如：file folder、.log、.xls。
排除掃描的檔案路徑	不啟用	Path，如：C:\xxx\。
排除掃描的執行程式	不啟用	如：.exe、.bat。
立即掃描保護	啟用	但需要配合 Antimalware 服務連動。
排程掃描設定	不啟用	視需求手動設置。
排程掃描日期	7	0 為每天，1-7 分別代表週一至週六，視需求設置。

功能	預設值	選項
排程掃描時間	120	0-1440，依照順序是 60=01:00AM，120=02:00AM，以此類推。
排程掃描的方式	快速	選項可以是快速或完整。
儲存體名稱	無	配合監視收集惡意事件，會放置儲存 Table 中。

5.1.5　名詞解釋

▌表 5-2　專有名詞說明

專有名詞	說明
Anti-Malware	為反惡意軟體，在此平台的保護標的中，針對 IaaS 提供單一代理程式方案，於無人介入情況下背景執行。可依應用工作負載需求，以預設的安全原則或進階的反惡意參數來做監視保護。
Visual Studio	為視覺化開發工具，此為微軟公司專屬的開發平台，Anti-Malware 在 GUI 自訂反惡意程式碼組態，會需要透過此工具來做連接，並進一步設置組態。
MSE（Microsoft Security Essentials）	這已經是古董服務，但與此篇的層級相當，由微軟開發的免費防毒軟體，用於防護病毒、間諜木馬等惡意軟體，主要運作在 Windows XP、Windows Vista、Windows 7 這幾類已經 EOS 的作業系統中。

5.1.6　實驗圖文

◆ 實驗目標：免費虛擬機器平台惡意防護部署

STEP 01　圖 5-2 中❶至❷透過新建 VM 過程或已建 VM 中選擇延伸模組，新增資源可看到非常多種的代理可以應用，本次選擇「Antimalware」。最後❸設定如同防毒軟體一般的設定，其中掃描時間以數值做代表（可回頭到知識小站複習）。

♠圖 5-2　Azure VM 安裝 Antimalware 安全模組

<u>STEP</u> **02**　圖 5-3 中❹至❻在確認安裝 Antimalware 並完成後，透過延伸模組功能來
　　　　檢視是否安裝，並確認其狀態。

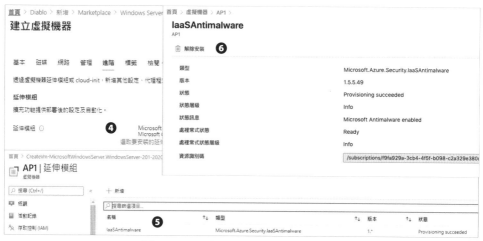

♠圖 5-3　VM 從延伸模組檢視其安裝結果

STEP 03　圖 5-4 中❼最後如果想確認 Antimalware 是否真的啟用，以及參數設定是否如原來的設定呈現，則可透過 Get-Azure 此 VM 的延伸模組來檢視，另外❽也透過實際 Log 紀錄與服務確認狀態確實啟用並正常運行。

❶圖 5-4　檢視 Antimalware 是否正常啟用保護作法

5.2　技能解封中間章程：門禁偵查無所遁形 Defender for Endpoint

5.2.1　故事提要

◇ 鐵血紀律，小兵立大功

　　艾布拉頓所帶領的御林軍是一支，紀律最為嚴謹素質極其強健的鐵血部隊，就像是擁有金剛不敗之身，可謂是戰場上的鐵血常勝軍，但軍團畢竟也是肉身，要能擁有極高的忠誠度並誓死保護人類犧牲小我的強大信念外，每每總能在艱困的戰場上，發揮熟稔的技法，摧毀敵軍守護住自己的家園可不是偶然。

想要一腳踏進成為御林軍的成員一份子並非易事，團中成員可不僅僅有奧岡絲、亞瑟拉瑞原來所領導的天使成員們，改邪歸正的轉學中輟生也在其中。除了苦行僧的日常外，一旦要面對更為嚴苛的血鬼術考驗時，軍團成員們都需要有所犧牲，用自己的一隻靈魂之窗，鐵血改造成擁有探測 5D 空間感官狀態及敵我辨識性，透過判讀眼前的生物的意圖，而更讓每次的戰鬥中更占上風。然而，能造成這般異於常人的威力，可不僅僅於此，注入默托奇尼極地黑蝠之血所賜，才是真正把功能發揮的淋漓盡致。回到人類聽得懂的代名詞「進階威脅防禦」，讓我們接著看下去。

5.2.2　應用情境

伺服器作業系統透過免費版雖然可提供基本防護功能，但免費陽春最常見的問題，除了本身的偵測防護阻擋的能力遠遠不及付費的完善之外，缺乏整體的資訊安全生態圈的監視保護，與分析建議的各延伸整合性。另外，對於 Windows10 與 Windows Server 2016／2019 雲端思維作為整合思考設計也難以因應，更無法完整拉高視角，從端到端、端到雲、雲到雲的應用程式行為分析，以達到更具規模的安全因應。

透過新一代企業級的端點安全防護，從作業系統感知收集與處理行為，轉化成資料傳至 Microsoft Defender for Endpoint，並深入探索、檢測及建議對進階威脅的防護回應。而威脅情報可以識別出攻擊者所使用的程式工具技術，進一步主動通知其告警行為。

我們可以發現到端點防護中不僅僅在單一面向的防護，而是可以直接與微軟生態圈方案進行整合，包括：Intune 行動裝置管理、Office 365 ATP 身分識別、Azure ATP、Azure Security Center、Skype for Business、Cloud App Security 等，未來只會整合越來越多元。

5.2.3　基礎架構

- 只要是面對公司環境的終端用戶，常常是 IT 人員無盡的生活日常，故首要任務對於端點資安防護上，大致歸納三種型態決定部署架構方向：一為企業內部可以統一管理，二為企業內部不在統一管理範圍，三為不在受到控制的移動設備。

- 已知上述的評估架構類型後，根據企業內部端點裝置給予對應的部署管理方法。只要能正常認到裝置並加入至 Defender，就可給予相應的偵測防護與回應機制，進而達到攻擊面的縮減，讓安全風險係數降低。

- 常見企業內 Windows 2016 / 2019，Windows 10 作為設備標的保護。

- 圖中虛線處有多項部署方式，舉凡群組原則、端點組態管理、Intune 管理及本機 Script，只要能符合公司規範方式，讓設備裝置受控被安全管理。

- 一旦註冊後，就持續受到端點的安全偵測防護，如果發生任何異常時，都能識別比對，並給予最佳的處理回應，也就是現階段很夯的名詞「EDR」。

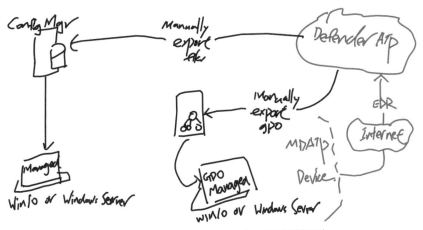

🎧圖 5-5　Defender for Endpoint 架構示意

5.2.4 知識小站

◆ 202012 更新至此的新舊版名詞對應

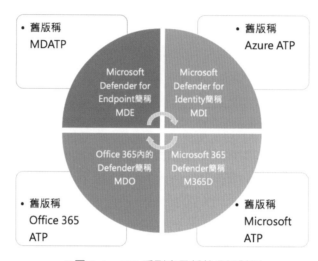

● 圖 5-6　ATP 系列產品新舊名詞對照

◆ 202012 目前最新授權需求清單

● 圖 5-7　使用 Defender for Endpoint 所需授權列表

◈ 裝置適用的部署列表

▌表 5-3　Defender for Endpoint 各類裝置支援的部署方式列表

系統	部署方式
Windows	● 本機 Script<=10 個裝置 / GPO 群組原則 ● Microsoft 端點管理 / Intune 管理 ● Microsoft Endpoint Configuration Manager
macOS	● 本機 Script ● Microsoft 端點管理員 ● JAMF Pro（專屬自動化配置工具） ● 行動裝置管理
Linux	● 本機指令碼 ● Puppet ● Ansible
iOS	App 方式部署
Android	Microsoft 端點管理

◈ 假設遭受破壞思維

　　透過假設說思維持續收集程式活動資訊紀錄，舉凡：CPU、Memory、網路活動、帳戶登入、登錄檔註冊機碼與資料檔案變更等行為遙測。紀錄本身可以儲存 180 天，當事件發生需要追查時，讓 IT 人員即使非資安專業的深厚背景，也能追溯到攻擊起始點。在各視角進行調查分析，以找出根源並解決。

5.2.5　名詞解釋

▌表 5-4　專有名詞說明

專有名詞	說明
SOC （Security Operation Center）	為資安監控中心，講到中心就知道是一種集中控管組織資安狀態的資訊單位。透過收集組織間的各資安事件情資並分析後採取應變措施，以確保組織資訊安全。
Reduced attack surface	為受攻擊面縮小，期待透過防護能力的提升讓企業最脆弱，最易攻擊面降至最低，像是漏洞防護就是其中一個例子。

專有名詞	說明
Advanced Manhunt	為進階搜捕，以查詢作為威脅搜尋手段，透過偵查其網路事件進而找到威脅指標。
AIR （Automated　Investigation and Response）	為自動化調查與回應，目的是當檢測到可疑或惡意攻擊時，安全小組會收到通知外，透過自動調查與修正功能來協助企業，讓安全性小組能更有效去解決威脅。
EDR （Endpoint Detection and Response）	為端點偵測與回應，目的是對用戶行為軌跡的建模，透過日誌的深入稽查分析來對事件適時做出回應，進而抑制異常行為。

5.2.6　實驗圖文

◆ 實驗目標：端點防護實驗室與狀態分析檢視

STEP **01**　圖 5-8 中❶首次進入 Defender [1] 一步步配合精靈引導，在❷至❸選擇資料落地地理區，個人選擇「美國」，而❹為首次部署方式選擇，因為示範環境裝置不多，選用 Script 來做部署之後，都還可選擇，最後❺開始環境建立。

---

[1]　Defender 管理首頁：URL https://securitycenter.windows.com。

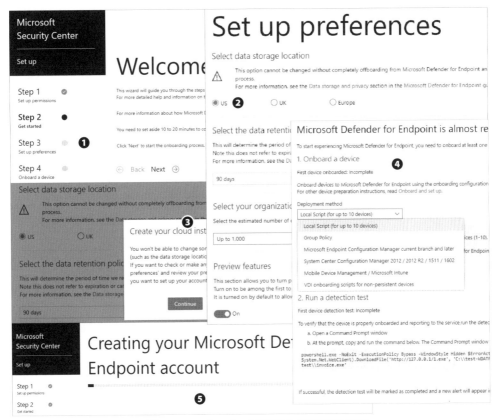

⋂圖 5-8　Defender 首次進入精靈引導作法

STEP 02　圖 5-9 中❻至❽登入目標電腦，將下載好的腳本用系統管理員執行，並確認
　　　　設置成功。

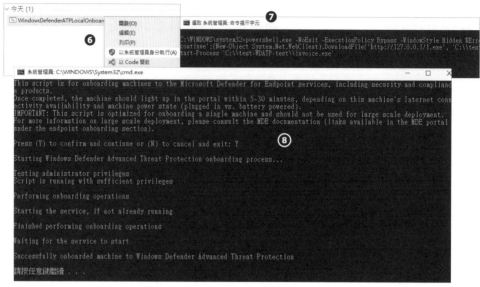

↑圖 5-9　透過 Script 部署 Windows 10

STEP 03　圖 5-10 中❾至⓫到評估實驗室，並選擇加入評估測試的裝置數量，目前有 Windows 10 與 Windows Server 2019 兩種可以交互選用，選擇 Server 來加入此評估測試的行列。

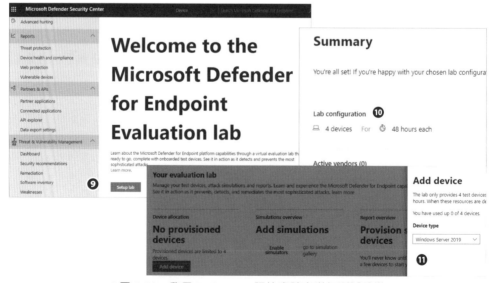

↑圖 5-10　啟用 Defender 評估實驗室增加測試設備

<u>STEP</u> **04**　圖 5-11 中❶❷部署過程會提供連線資訊做後續登入之用，❸至❺在依實驗環
　　　　境如期部署了四台主機，嘗試隨機 RDP 連線登入系統 OK。

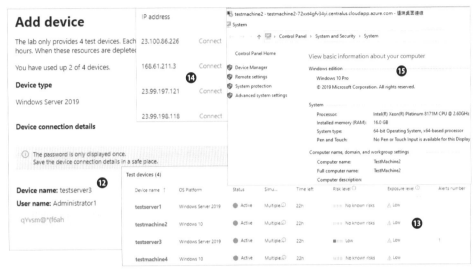

∩圖 5-11　實驗設備部署完畢並測試登入

<u>STEP</u> **05**　圖 5-12 中❻根據實驗評估環境有很多模擬攻擊情境，挑選一場景為「無文
　　　　件」式攻擊，也就是說，威脅並非產生在文件中，而是利用主機記憶體中
　　　　的後門。透過❼來執行此 Script 語法。

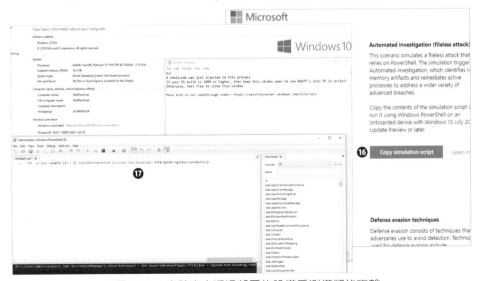

∩圖 5-12　實驗室中透過部署的設備受測模擬的攻擊

STEP 06　圖 5-13 中❶至❷不久的時間就偵測到可疑程序試圖入侵的風險告警，並根據此告警清楚檢視整個告警狀態、發生時間軸歷程、安全事件處理建議、軟體清單與目前此系統所發現的漏洞，都可層層抽絲剝繭讓資安事件可以治本盤查。

∩圖 5-13　偵測告警可疑程序通知與建議作法

STEP 07 圖 5-14 中㉑至㉓透過報告功能分別總覽檢視其威脅防護、裝置健康合規以及較容易受攻擊的裝置設備，來做一個事前的提醒，以強化安全防護行為，避免後續的蝴蝶效應發生。

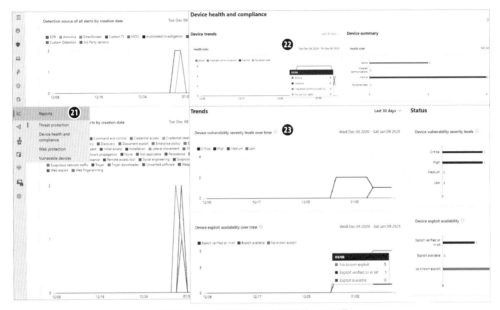

∩圖 5-14　威脅報告監視的資訊呈現

STEP 08 圖 5-15 中㉔至㉖透過威脅漏洞管理，儀表監視整個受控的裝置安全性，包含所掃描出來的安全建議、整治任務情況、所有軟體漏洞威脅及安全事件。

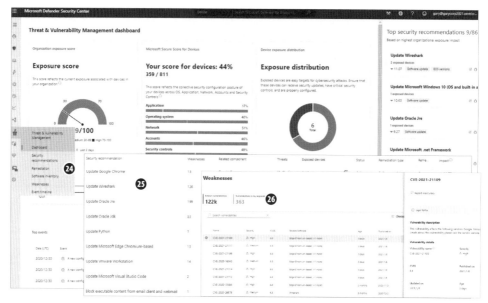

🎧圖 5-15　綜觀整體威脅漏洞儀表監視

5.3 技能解封中間章程：場域空間強制掠奪 Azure Disk Encryption

5.3.1　故事提要

◈ 無效的世界之石

　　遠古至今，「世界之石」一直都是正邪兩派不斷爭奪的神聖產物，雖然隨著一次次大小戰役，不斷重新改寫雙方新的歷史。天使城透過一道道嚴防的秘法關卡，不斷改良的防禦武器，萬中選一的守護菁英匹配一群精良的秘術智囊，以及帶頭衝鋒陷陣的長老天使。

　　回顧過去，天使城即使防護串連已經是非常完善，每當戰爭發難，首當其中都是手無縛雞之力的天使子民們，畢竟戰爭一旦發起、甚至掠奪，都少不了引發腥風血雨的悲歌。

一個專研秘文的使者對奧岡絲獻策說道，畢竟世界之石真正的神奇之處，除了它特殊能量材質外，能夠啟動這股巨大能量非密文莫屬，這才是真正被掠奪可能造成的危機。這時不斷歪頭思索喃喃自語著，就在這時突然靈光一閃，何不就讓秘文失效不就得了。有了這樣一個大膽的想法，隨著時光一天天過去，經過祕法淬鍊出來的一比一竄改符文注入到了世界之石之中，進而開始讓上面刻印的文字產生了微樣的圖騰變化，一旦萬不得已被魔神掠奪，至少能暫時讓召喚解封能解封直接無視，進而爭取奪回世界之石的時間。回到人類聽得懂的代名詞「磁碟加密」，讓我們接著看下去。

5.3.2 應用情境

作業系統內外防護因應俱全，但資安風險為何仍舊無所不在，因為安全常常是多維度面向，只是各面向的風險高低問題，永遠沒有滴水不漏百分百的安全基石保證，即使現在這面向看似補足安全，隨著時間推移又會從保安成了欠安，這永遠是條無法回頭的不歸路。

回歸正題，大多還是使用伺服器主機（VM）作為底層服務類型時，作業系統與資料本身落腳處都在儲存空間，像是在磁碟上。雖然雲端平台上的實體硬碟，我們不太可能像傳統私有機房一樣任意偷取，但虛擬硬碟仍舊是保有匯出匯入的提取權利的。

走到這，你我都清楚，或許最後一道防線還不是面對作業系統的端點安全，要面對可能更為暴力。假設說，雖然無明確犯罪目標，故還不知道從何下手哪裡值錢，最簡單的方式直接整包扛走，重要資料曝光也只是遲早的問題而已。

而如果我能讓磁碟做出頑強抵抗，透過磁碟加密演算把磁碟給包起來，萬一真的被取走時，至少可以大幅降低竊取資料的風險性，雖然仍舊是有志者事竟成，但時間付出可就完全不同了。

故 Azure 磁碟加密就是為此來保障資料安全，符合企業安全合規性承諾。舉凡大多企業用戶在使用微軟的 Windows 系統環境下，可以透過 Bit locker 功能將 Azure 虛擬機器作業系統磁碟和資料磁碟做磁碟加密，或是另外搭配 Azure

Key Vault 來整合磁碟加密。最後透過 Azure 資訊安全中心進一步可以監視並主動告警面對未加密虛擬機器磁碟的通知。

5.3.3　基礎架構

- 透過 Azure 資源範本、PowerShell、Azure CLI 來對磁碟啟用加密設定。

- 如企業內部的虛擬機器（一定要是 VHD 格式，像是常見 VMDK 請先自行轉換），將 VHD 上傳至儲存體帳戶，並同時準備金鑰保存庫，作為後續對磁碟加密之用。

- 在金鑰保存庫建立起自己的加密金鑰，將 VHD 上傳範本部署的虛擬機器做磁碟加密。

- 仰賴 Azure 訂閱 Owner 帳戶，從金鑰保存庫中讀取金鑰中加密資料。

- 透過金鑰保存庫的加密組態更新，讓虛擬機擁有受加密保護的作業系統與資料磁碟，讓安全的破口更為降低。

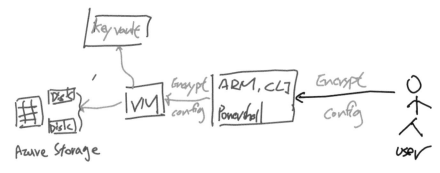

♦圖 5-16　Azure Disk Encryption 架構示意

5.3.4　知識小站

磁碟加密固然好用，但仍有不支援的情境，常見如下：

- 不支援租用基本層級或傳統經典形式的虛擬機器。

- 磁碟管理中透過軟體形式來搭建 RAID 0、1、5 等模式。

- Azure File Blob 檔案共用形式。

- NFS 網路檔案系統型態。

- 將磁碟做成動態磁碟。

- Azure 虛擬機器上原來的暫時性磁碟。

- 虛擬機器部署選擇 Gen2 類型來建立。

- 具有加速寫入磁碟的 M 系列虛擬機器。

以上是 Windows / Linux 共同特性均不支援的情況，但仍有不少是各自所屬的支援限制，仍以官方的不支援清單列表為主，另外如果未經 Azure 背書的 Linux 發行版本，一律不支援 Azure 磁碟加密，列舉普遍常用的版本如：Ubuntu 16.04、Ubuntu 18.04、RHEL 7.2 ～ 7.8、CentOS 7.3 ～ 7.8、SLES 12-SP4、OpenSUSE 42.3 等。

5.3.5 名詞解釋

▍表 5-5　專有名詞說明

專有名詞	說明
BitLocker	為位元鎖，此為微軟公司專屬針對 Windows 作業系統磁碟加密技術，從 Windows Vista 之後的版本均有支援全磁碟加密功能，進而保護資料。預設使用 128 或 256 位元金鑰的 AES 加密演算法來實踐。
TPM（Trusted Platform Module）	為信任平台模組，此為內建在伺服器上，作為唯一辨識的安全晶片，利用 PKI 原理產生一組金鑰，作為辨識硬體序號的唯一性。
DM-Crypt	為 Linux 內核版本 2.6 以上版本及 DragonFly BSD 中透明磁盤加密系統。用來對 Linux 啟用磁碟加密的工具服務，以實踐對加密的安全防護。

5.3.6　實驗圖文

◈ 實驗目標：Azure 虛擬機器磁碟加密防護設置

STEP 01　圖 5-17 中❶檢視目前此 VM 作業系統磁碟尚未加密狀態，透過❷至❸回到
　　　　Key Vault 服務上選擇「金鑰」功能，並新建一組 2048 RSA 金鑰加密，完
　　　　成後同時自動產生金鑰版本。

⋒圖 5-17　Azure 磁碟未加密狀態及金鑰保存庫新建金鑰

STEP 02　圖 5-18 中❹至❻回到 VM 磁碟加密介面，就可以選到剛剛建立的金鑰保存
　　　　庫，包含 Key 及對應版本下拉選單及可選取後點選「儲存」。

❶圖 5-18　Azure 磁碟設置加密過程

<u>STEP</u> **03**　圖 5-19 中❼至❽提示完成加密動作，會需要透過重新開機才會生效，目前
磁碟正在加密進行中。

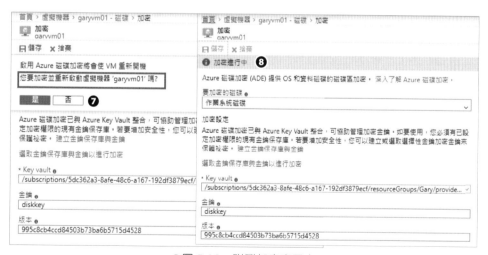

❶圖 5-19　磁碟加密套用中

STEP 04 圖 5-20 中❾可以檢視在重開後的磁碟狀態正在顯示更新中，而❿在完成後看到原本狀態從沒有加密到已加密。

❶圖 5-20　重開後磁碟正在更新狀態

STEP 05 圖 5-21 中⓫透過遠端連線檢視及作業系統磁碟的確已經 Bitlocker 加密，而透過⓬中 PowerShell 驗證加密無誤，而最後⓭從 key Vault 監視上也看到其要求存取，成功率間的數據紀錄顯示，已有正常存取執行。

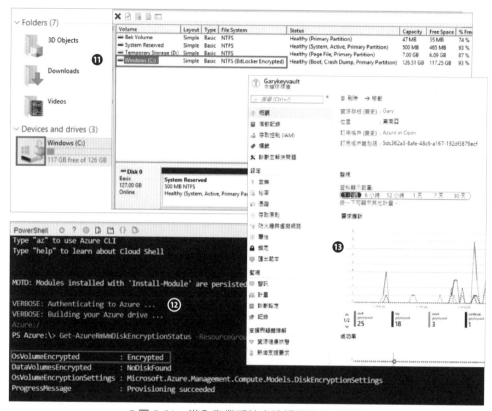

∩圖 5-21　進入作業系統中檢視磁碟加密狀態

5.4 技能解封中間章程：庇護所毀損時光回溯 Azure Backup

5.4.1 故事提要

◇ 突襲庇護所，時光回溯技法

　　暗黑勢力永遠不停歇，在一個夜深人靜的時刻，默托奇尼帶領大批部隊夜襲天使城，艾布拉頓與他的鐵血軍護衛仍奮勇殺敵，然而由於軍團成員程度不一，故少數面對血鬼術的閃避格檔技法有些生疏，淪為魔神爪牙打點的破口。

一個緊急時刻，艾布拉頓為了搭救自己的同袍而被中招施法，短暫昏厥迷向，也就在這個時刻，艾布拉頓的額尖被注入了能操縱心靈的魔水晶，透過心靈控制，第一時間掃描腦內存放著世界之石確切的位置，因為已經被控也由不得他，一個箭步飛快直奔世界之石的神聖禁地。

不過世界之石豈是任人輕易奪取，每道路線關卡中都有庇護所來做防禦，但也在內鬥中造成雙方極大的傷害。為了維繫世界和平利益為初衷，即便犧牲了同袍也是在所不惜。

就在快要被先馳得點的同時，空中突然幻化一位小女孩，一邊揮動著翅膀，面對著戰地現場，向受損庇護所的四周環繞，同時全身發散出陣陣的光芒，待光芒消逝後赫然發現庇護所，艾布拉頓、默托奇尼都回到沒未發生過的平行時空，就這樣恢復了原本發生前的平和，原來剛剛搭救的小女孩是泰尼伯爾之女泰尼霓，她運用時間真空回溯術救了大家。回到人類聽得懂的代名詞「備份還原」，讓我們接著看下去。

5.4.2　應用情境

2020 年在疫情肆虐期間，多次發動了大規模勒索加密的惡意攻擊，新聞也多次大篇幅報導，而無論是檯面上或檯面下的受害者更是可觀。這樣的情勢真的屢見不鮮，而目前看似安全無虞的我們，是因為資安意識強大而防護得當，還是只因為僥倖的倖存者呢？

防範未然是你我都必要的行為，預防並無法保證滴水不漏，前面篇章都有一再提醒，然而當緊急事件一旦真的發生，如何能把這次的危機處理得宜，讓風險不再持續擴大，將停損降至最低才是王道。

事件發生後能多快時間恢復，復原了多少重要資料。取決於平時是否把繁瑣無趣的備份日常做得踏實，Azure 備份就屬高性價比的資料保護方案，進而備份您的資料及系統狀態。擬定還原演練計畫並實際模擬，讓真實上演時能臨危不亂、按部就班來做處理。

　　從企業內部的日常應用，舉凡：公司機敏的重要資料交換檔案伺服器，員工們需要的生產力基礎資訊工具個人電腦，常見的應用日常郵件通訊 Exchange，網站文檔分享 SharePoint，及開發人員常用到的微軟資料庫 MSSQL 都是保護的範疇之一。

　　除了上述企業內部外，面對雲端上的環境，從 Azure VM 演進到對於 File Blob 檔案共用，VM 中的 SQL Server 甚至是大型的 SAP HANA 資料庫，PostgreSQL 都已經加入受到備份保護的行列之中。而其他雲端平台中只要所屬 VM 形式都是比照企業內的伺服器保護看待。

5.4.3　基礎架構

◈ 雲端原生 Azure VM 備援

- 在啟用 Azure VM 備份時，會根據你指定的排程進行備份作業（也可以手動立即備份）。
- 透過 VM 上安裝的備份延伸模組，採取儲存體層級做快照，首次為完整備份。
- 建立快照後，資料會傳至備份保存庫中。
- 一旦資料傳送至保存庫，就會建立其快照復原點。

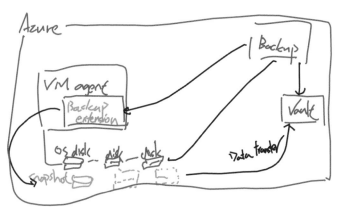

∩圖 5-22　Azure VM 就地 Azure 備份

◈ 企業內 Windows VM 備援

- 下載安裝 MARS Agent 後，選取備份標的，立即或排程執行備份，並在 Azure 中決定長期保留時間。

- MARS Agent 透過 Windows 的陰影複製 VSS 來取得備份磁區時間點快照。

- VSS 建立快照後，MARS 代理設定備份，指定快取位置並建立 VHD。

- 增量備份會根據起始設置的排程來執行，手動備份則不在此限。

- 增量備份會識別變更過的檔案，並在加密情況下建立 VHD。

- 增量備份完建立新的 VHD，並開始複寫並與所建的 VHD 合併。

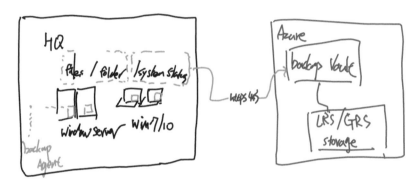

∩圖 5-23　企業內服務透過 Azure 備份

5.4.4　知識小站

◈ Azure 的備份策略

- 可同時多個工作負載來進行保護。除 Portal 管理方式外，也可透過 PowerShell、CLI、ARM 範本或 REST API 來做自動化啟用。

- 備份 Blob 儲存預設是 GRS 跨區備份外，仍可彈性調整 LRS 或 RA-GRS（擁有讀取權的異地覆寫類型，單區 3 份跨區 3 份共 6 份）。

- 對於備份支援的負載更多元，更貼近雲原生，除原有 VM 及配合 DPM 的 SQL、Exchange 等，也可直接對 SAP HANA DB、SQL on Azure VM、File Blob 直接進行備份保護。

- 有鑑於防止有意或無意的備份刪除情事發生，透過備份服務本身的虛刪除功能，已刪除的備份資料可免費儲存 14 天，視需求狀況來依此做還原。

- 可以透過備份保留原則，自動清除超過保留期間的備份資料，以利節省空間成本。

- 備份加密除預設透過平台管理金鑰外，如需透過金鑰保存庫來進行 AES 256 加密保護或基礎結構層級加密（平台＋客戶管理雙保險）。

- 透過備份診斷，使用監視記錄或活頁簿來進一步查看備份報告相關報表資料（記得兩年前才使用 Power BI 來看報告，變化真快）。

5.4.5 名詞解釋

▌表 5-6 專有名詞說明

專有名詞	說明
MARS（Microsoft Azure Recovery Service）	為微軟 Azure 復原服務，無論是透過資料夾 / 檔案或系統狀態，磁碟區，根據環境狀況來判斷還原恢復的方案選擇。
DPM（Data Protection Manager）	為資料保護管理中心，原來屬於微軟 System Center 下的備份服務解決方案，可透過此來做到 MABS 的事，如企業原來沒有 System Center，則可由 MABS 當中繼來做同樣的備份保護。
MABS（Microsoft Azure Backup Service）	為 Azure 備份伺服器，透過此服務來保護企業內 Hyper-V、VMware 及應用服務，如：Exchange，SharePoint、MSSQL 等。
LRS/GRS（Locally/Geo Redundant Storage）	為本地 / 異地備援儲存，預設 GRS 將備援資料從本地端一份資料自動抄寫至異地，而所屬匹配地區背景抄寫三份確保資料完整性，不過成本也會提高，如要關閉，請在尚未保護前就要設置，不然就無法再做調整。
Differential backup	為差異備份，以最新的完整備份做基礎，擷取從完整備份後所有新增、刪除、變更等資料變化。另外，完整和差異備份無法同天存在，每天最多一次差異備份。

5.4.6　實驗圖文

◆ 實驗目標：Azure 網站主機檔案誤刪救援回復

STEP 01　圖 5-24 中❶至❷進入 Azure Portal 搜尋「vault」，選擇復原保存庫，並選擇訂閱、資源群組與地區並自訂名稱建立，❸建立復原保存庫完成，檢視其概觀介面。

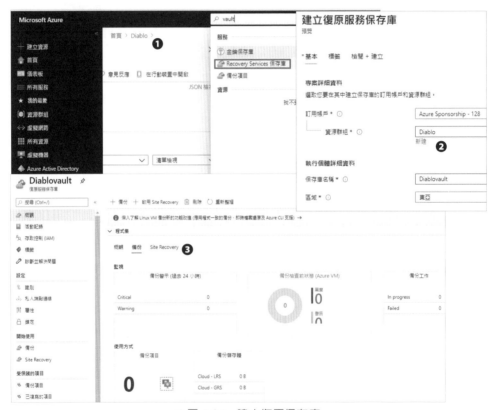

∩圖 5-24　建立復原保存庫

STEP 02　圖 5-25 中❹至❺選擇屬性找到備份設定預設是 GRS 請改成 LRS，差異請看名詞說明，不在此贅述。❻至❼可以自訂符合環境需求的備份原則，包含時間、頻率、快照份數與保留日月年的時間。

ⵔ圖 5-25　復原保存庫調整屬性與自訂原則

<u>STEP</u> **03**　圖 5-26 中❽至❿分別是三種能夠啟用備份的管道方式，依序為建立 VM 過程，
　　　　既有 VM 直接備份以及透過復原保存庫來進行，本篇以保存庫備份示範。

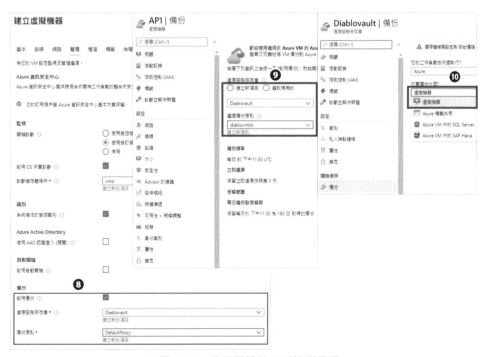

ⵔ圖 5-26　啓用備份的三種管道呈現

STEP **04** 圖 5-27 中❶選擇要備份的 VM，再經過背景安裝備份代理的幾分鐘後，透過❷至❸可以看到管理介面上已經有一台 VM 備份。

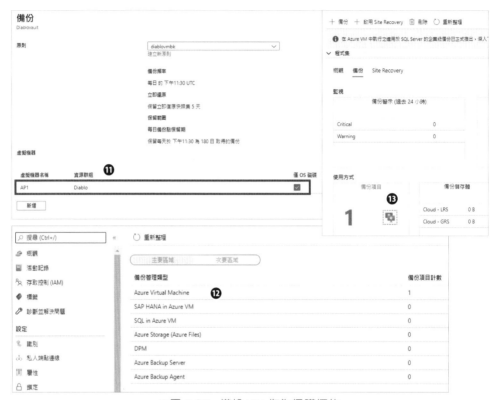

❶圖 5-27 備份 VM 作為保護標的

STEP **05** 圖 5-28 中❹啟用此 VM 備份程序完成，但尚未執行首次的完整備份作業；❺受備份保護的網站主機服務呈現狀態；❻選擇快照保留的日期，預設是保留一個月，可自行決定，最後❼檢視已備份完成。

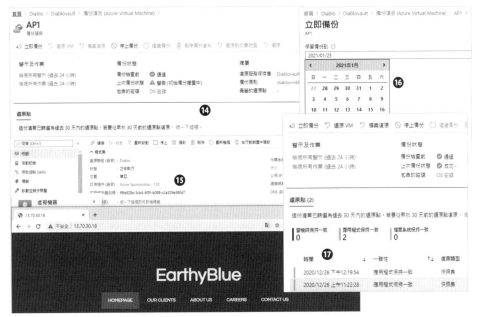

● 圖 5-28　確認網站狀態後並執行備份任務

STEP 06　圖 5-29 中⓲模擬手誤刪除網頁檔案，網站已呈現 403，透過⓳至㉑因為只
是檔案遺失，故選擇最新的快照做檔案還原，執行透過已經打包好的指令
檔直接下載，並登入到此 VM 中。

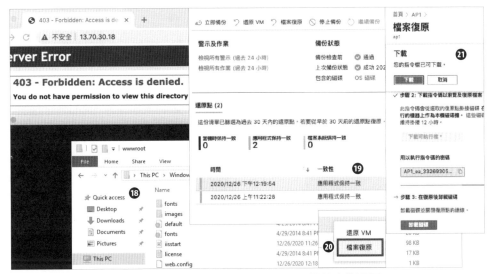

● 圖 5-29　手動遺失網站檔案並透過備份來做還原

STEP 07 　圖 5-30 中❷執行剛剛下載的 PowerShell 指令，並 Key-In 密碼後，已經成功掛載 G 槽；❸到 G 槽中的網頁路徑下，把剛剛刪除的檔案複製回來。

🔊圖 5-30　還原時掛載磁碟並成功還原檔案，網站恢復

STEP 08 　圖 5-31 中❷在復原後重連網站已經正常顯示，透過❷清除即可。

🔊圖 5-31　檔案還原的工作恢復

5.5 技能解封中間章程：狡兔三窟快速戰備 Azure Site Recovery

5.5.1 故事提要

◈ 暗黑逆襲：狡兔三窟 B 計畫

光之結界一直保護著非常重要的遠古文獻戰記，身為反派者的默托奇尼派了一個隱身幻術技法高強的爪牙，再施以技法後，如願假冒成了天使城中的侍衛身分，在有限的時間內混的進了結界。

正當準備偷取時被泰尼伯爾下面的將軍古爾丹給阻擋，一陣廝殺中，運用烈炎技法而沒來由燒毀了手中的文獻，這真的不是個好消息啊！

心一橫暗想，即使偷取不成，但只要能夠破壞也罷，快步利用幻術脫身逃跑了，也留下了殘局。

然而，就在這時奧岡絲手下的天使術士麥迪文大笑三聲，胸有成足的娓娓說到，在這烽火連雲的世代，天使城下連通外海的一座孤島，早早透過光之祕法把文獻戰記傳送一份並埋在六巨石中，接下來在如法炮製傳送一份回來即可。接著經過數分鐘的時間，文獻戰記回來了。回到人類聽得懂的代名詞「異地備援」，讓我們接著看下去。

5.5.2 應用情境

無論是人為疏失、惡意攻擊，而導致資料被勒索無法正常，只要確保在可允許的風險容忍時間範圍下恢復資料即可。但似乎還未解決服務中斷的風險情事發生時，我們該如何因應？一般情況都只探討在同一機櫃、同一機房、同一廠區、甚至同一地區，小到公司機房內的服務是否高可用，但 VM 卻是在同一台機器上面。即使擁有兩台實體主機運行一套系統，讓主機異常時可以切換，然而實際上還是在同個機房。所謂的「高可用服務」似乎也無用武之地，因為風險大到超過原本完善的認知層次了。一旦從更上面的視角，其實下面的所屬

服務仍舊屬於單一失效的風險範疇中，剛剛只是以常見的伺服器為例，實際上要能讓系統服務穩定、機房電源、儲存設備、交換器、電源線路、散熱設備、通風對流管線等，上述任意的單點元件只要異常發生失效，都可能造成連鎖反應，最後讓服務中斷。故回到我們熟悉的雲端平台上，剛剛細數的各種軟硬體服務組建，早由雲端服務提供商以企業運營服務層級的角度設計高可用服務水準保證，讓用戶無須過於擔心此風險。

常見計畫性的大樓停電、施工、歲修或非計畫性意外情事，都會讓服務直接中斷，這並不是備份還原保護可以解決。透過異地備援 Site Recovery 在最短時間內，讓服務直接在雲端平台持續提供服務。透過這樣一個企業級災害復原策略。當預期或意外發生時，將平時持續性複寫上雲的資料，透過容錯移轉機制切換到 Azure，透過備援切換直接讓主機系統開機，讓應用服務能繼續保持運作。

5.5.3　基礎架構

◈ Azure 兩地間 Site Recovery

Azure VM 本身對於備援保護是相對容易好上手，因無須企業內到雲端的繁瑣考量，但仍需以下基本流程準則：

- 選擇異地備援區域，可先為異地 DR 環境設置所需要的網路與儲存快取、加密等服務。
- 確認需要保護的虛擬機服務。
- 建立 Azure Site Recovery 服務。
- 最後啟用虛擬機複寫保護作業。
- 啟用過程中會對受保護的虛擬機安裝行動代理。
- 開始對受保護的虛擬機執行資料複寫的作業。
- 複寫保護完畢後，首次建議先選擇測試容錯，確認無誤後，再視需求做計畫性容錯移轉。

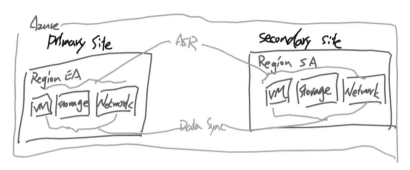

●圖 5-32　Azure 跨區異地備援架構示意

◈ 企業內 Site Recovery 保護

- 從企業內部輕鬆把重要系統備援到雲端，需要中繼組態與處理序角色。

- 組態伺服器是作為協調管理資料複寫與還原之用，而處理序伺服器則是專門處理資料複寫任務，從來源 VM 接收複寫資料，透過快取、壓縮與加密的一連串複寫優化流程，最後再將資料傳至 Azure 儲存體中。

- 無論是實體或 VMware 虛擬伺服器，均需透過組態伺服器將行動代理推送至受保護的伺服器上進行安裝。行動代理對組態伺服器傳送服務健康狀態走 443 加密協定，同樣行動代理對處理序伺服器傳送複寫資料走 9443 協定，面對兩台以上行動代理，均能透過 Ports 20004 讓彼此間保持應用程序一致性。

- 最後統一由處理序伺服器對 ASR 服務進行資料複寫，以利當災害或預期性施工時，透過容錯移轉，仍舊維持業務持續性，讓公司保持服務穩定性。

- 從 VM 保護、複寫到容錯移轉，均統一在雲端平台上的 ASR 管理介面執行即可。

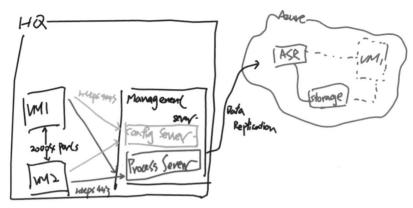

∩ 圖 5-33　對企業內做異地備援架構示意

5.5.4　知識小站

◆ 鄰近放置群組

　　此服務目的是用來確保多台 VM 佈建時，可建立在彼此更相近的地方，適用於低延遲要求應用服務負載類型。假設您需要將 VM 放置在可用性群組內，在此前須先將可用性群組新增至鄰近群組中，之後新增 VM 才能達到此目的。

　　DR 很吃網路延遲性，故 VM 容錯移轉與回復至鄰近群組內。而萬一異常導致容錯移轉與回復間無法在鄰近位置啟動時，動作仍會建在鄰近群組以外的地方，讓服務持續進行。

◆ 支援移轉模型

▌表 5-7　Azure 異地備援的支援列表

支援移轉模型	來源端	目標端
Azure 至 Azure	選擇 Azure 區域	選擇 Azure 區域
VMware 至 Azure	選擇組態伺服器	選擇 Azure
實體 / 虛擬機至 Azure	選擇組態伺服器	選擇 Azure
Hyper-V 至 Azure	選擇 Hyper-V	選擇 Azure
VMM 到 Azure	選擇 VMM	選擇 Azure

◇ 容錯移轉與回復概述流程

企業內容錯移轉至 Azure — 受ASR保護的VM複寫至Azure後，當內部系統停止提供服務時，開始將此系統移轉至 Azure。移轉作業期間ASR會從複寫資料來建立成 Azure VM並提供所屬的系統服務。

重新保護 Azure VM — 透過重新保護Azure VM動作，開始從Azure複寫回企業內指定主機系統。此內部主機在重新保護期間為了確保資料一致性而屬於關閉停用狀態。

從 Azure 容錯移轉 — 當內部系統主機已經可以正常運作後，反向執行容錯移轉，發動端從Azure VM容錯回復至企業內系統主機。

重新保護內部主機 — 容錯回復後，重啟內部系統主機複寫至 Azure。

🎧圖 5-34　Azure 容錯移轉恢復流程

◇ Site Recovery 能否自動化進行

本身並無法從 Azure Portal 上支援此任務，如果需要則以 REST API、PowerShell 或 Azure SDK 來進一步對 ASR 流程自動化。而大家所關心的自動容錯，則可以搭配 System Center Orchestrator 或 Operations Manager，來監視受保護的伺服器是否異常，進而透過 SDK 來觸發容錯移轉。

◇ 復原點知識

- 當機時保持一致復原點，會保有磁碟上的資料，但不包含當時在記憶體上的。

- 應用程式一致復原點，擷取的資料與當機復原點相同外，也同時擷取記憶體中所有資料及進行中的交易（很吃效能，建議最小頻率一小時即可）。

5.5.5　名詞解釋

▌表 5-8　專有名詞說明

專有名詞	說明
Site Recovery	為站點恢復，當大自然等不可抗力或人為因素讓原本的服務中斷，透過異地端啟動應用系統服務，恢復資料完整性，進而讓業務運營持續化的過程。
BCDR（Business Continuity and Disaster Recovery）	為業務持續性與災害復原，就是企業組織須確保關鍵服務在災難發生時仍可繼續運作，當面對危機時，仍可快速因應的長期挑戰，進而實踐業務連續性的宗旨。
RTO / RPO	為復原時間目標 / 復原點目標，前者為重新回復上線所需要的時間有多少，可能是 1 小時或 2 小時後恢復，而後者在需要進行復原情況下，可接受多久時間的資料遺失，也許是 15 分鐘或 1 小時等，都是決定客戶對於關鍵服務的重視程度而定。
Fault Tolerant	為故障容許性，也就是當面對故障時能容許接受的程度。

5.5.6　實驗圖文

◆ 實驗目標：Azure 計畫性備援服務切換與容錯復原

STEP **01** 圖 5-35 中❶至❸針對 Azure 主機做備援設置，從網路對應至 DR 端包含網路、資源群組與地區。完成後❹至❺開始設定複寫的原則條件，其中包含快照的保留時間及應用程式一致性的快照頻率（上述均以小時為單位）。

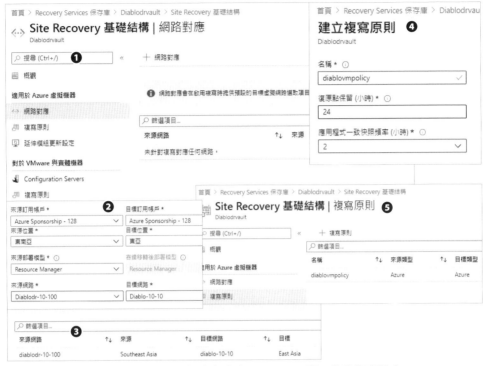

🎧圖 5-35 復原保存庫中設定 Azure VM 間三階段複寫設定

STEP 02 圖 5-36 中❻至❽是在 VM 本身的嚴損修復功能直接設定，其中資源群組、
網路、快取儲存、復原保存庫、金鑰加密與原則都可以先行設置，有助於
方便管理以及資源的掌握性。

⋒圖 5-36 從 Azure VM 的刀鋒視窗可透過嚴重損換功能來做複寫

STEP 03 圖 5-37 中❾至❿中則是透過標準的復原保存庫途徑來執行複寫保護動作，本章就是以此作為示範，功能列選擇開始使用，點選「復原」功能，於⓫啟用複寫，並選擇所要保護的 VM 主機。

⋒圖 5-37 回到復原保存庫指定複寫 VM 來啓用保護

STEP 04 圖 5-38 中❶至❸開始做來源與目標的對應，對應過程中系統都有檢查，當
設定有誤時，有防呆提醒，檢閱無誤開始啟用複寫。

♪圖 5-38 複寫過程中，目標、儲存、複寫與延伸模組的細節設定

STEP 05 圖 5-39 中❹如果有多台 VM 服務相依性，則可以透過複寫群組搭配使用，
本範例沒有此情境則可忽略。❺至❻在啟用複寫設定完成後，除了狀態歷程
都 OK 外，DR 拓樸也會呈現讓管理者更清楚掌握，而一旦發生異常也會直
接在拓樸上呈現。上述只是複寫設定啟用成功，還未正式安裝代理與複寫
資料的階段。

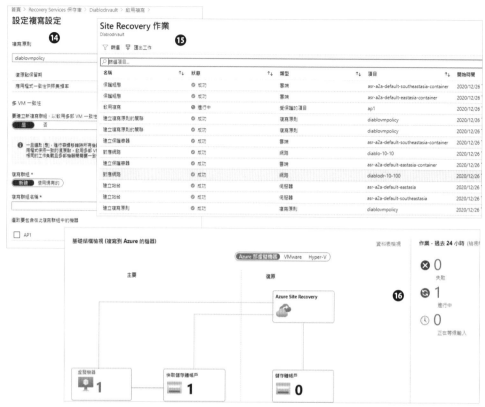

⟟圖 5-39 複寫原則與多 VM 複寫一致性（選用），開始複寫作業

<u>STEP</u> **06** 圖 5-40 中**⓱**至**⓲**開始安裝行動代理到受保護的 VM 完成，並開始執行資料同步的任務。最後透過**⓳**已經呈現複寫完成狀態良好。

♪圖 5-40　複寫進行與健康狀態結果

<u>STEP</u> **07**　圖 5-41 中❷首次複寫完成，會提示未完成測試移轉，並透過❷執行測試容
　　　　錯，其中過程是選擇拿來測試的快照狀態在異地啟動 VM，而不影響來源主
　　　　機，最後❷測試容錯的歷程均正常無誤。

♪圖 5-41　測試容錯移轉

STEP 08　圖 5-42 中❷為測試容錯啟動的 VM 綁定一組公有 IP，測試網站 OK，也確實都有完整複寫至異地。最後❷至❷清除此測試即可，就會把測試 VM 依正常程序背景清除。

⋒圖 5-42　測試容錯的網站服務執行無誤並清除測試

STEP 09　圖 5-43 中❷至❷來實際正式容錯移轉，過程建議要把來源主機自動關機，避免服務衝突性的問題。最後❷至❷就是容錯移轉歷程無誤，並在異地把 VM 開機後，檢視其資訊名稱均一致，也不會出現 test 的名稱字樣。

①圖 5-43 執行正式容錯移轉

STEP **10** 圖 5-44 中❸⓪至❸❶當異地作為主要網站，並上版更新網頁，而透過❸❷在更新
網頁程式後，重新瀏覽已經更換的網站樣貌。

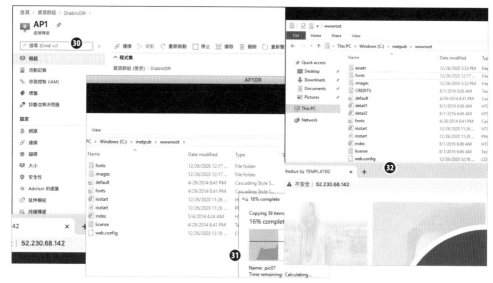

♦圖 5-44　在切換成功的網站主機上變更網站程式

<u>STEP</u> **11**　圖 5-45 中❸一旦以此網站作為 Final，透過認可作為最終快照復原點。而任務目標是回到本地運作而非異地時，原來上版更新網站在異地 VM 上。透過❸至❸開始重新保護此異地端的網站主機程序狀態無誤，並開始同步作業（一旦同步完成，就可以進行下階段）。

♦圖 5-45　對已變更的網站重新保護

STEP **12** 圖 5-46 中❸原來本地端 VM 關機，而異地 VM 開機，透過❸至❹開始容錯
移轉，並把目前異地 VM 關機，而本地 VM 開機並測試網站已經是原來覆寫
過來的新網站。

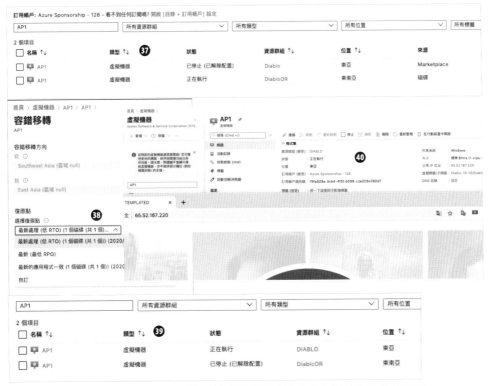

⚡圖 5-46　再次容錯移轉，並確認移轉啟動完成的網站為先前所更新

CHAPTER

最終對決：資料安全

6.1 技能解封最終對決：卷軸祕文神祕色彩
Static Data Encryption

6.1.1　故事提要

◈ 層層秘文重裝上陣

　　繼上一篇章的戰役中，文獻戰記資料險些被毀的事件，仍是讓人心有餘悸，雖然多虧了奧岡絲這優秀的愛將獻策，有了術士麥迪文的先見之明，這才免於一場差點無法挽回的災難。暗黑世界詭譎多變，面對各種戰役中敵方所放出的血鬼攻擊秘法，都在此文獻保存下來，有了這樣的文獻，自然也更加強了我方的勝率，泰尼伯爾在面對每次戰爭中的精確判讀，洞察出敵方的劣勢，找出每次對戰中的勝利契機，充分展現其重要性。

　　時不時受到魔域爪牙的入侵，天使城內外的守護天使更是犧牲自我，來免除一個可能引發蝴蝶效應的危機。

　　泰尼伯爾仰望遠方思考著，內外的強攻一直是祂們的主要攻擊手段，然而祂們也並非只是一股腦地往前衝，如果能夠用最少的兵會是祂們所樂見的。在幾次的篇章中就常利用幻術試圖竊取，常是爪牙的伎倆之一。故我們如果可以把秘法文獻本體給拆解，將關聯性文獻章節依天使城所擬定的暗語加密，並分別打散成多份放到各自長老天使的管轄陣地中，用光之秘法重新封印起來，避免將文獻保管的重任都只交給文管使者，進而又被針對性的當作攻擊打點。回到人類聽得懂的代名詞「靜態資料加密」，讓我們接著看下去。

6.1.2　應用情境

　　一旦資料落地的標的是一顆顆的磁碟硬盤時，實際上所仰賴的本體仍舊需要虛擬機，而磁碟加密在這樣的環境條件下，就會是一個重要的資料保護議題，讀到這相信讀者已經有一定的資安意識，更能清楚認知其中在面對安全保護議題時各種層級角度的差異性。

　　然而，如果資料並非需要仰賴在虛擬機上的磁碟呢？也許資料存取方式只需單純一個網路空間可以存放，讓帳戶或應用系統可以輕易取用，無論透過 Blob、File、Table、Disk、Queue。然而放在上面的資料均以明文方式赤裸裸呈現，故有心人只要用心，就可以非法把資料帶走，再好好來分贓盜取個資等情事。

　　有鑑於此，為在這些的靜態資料可透過 AES 256 加密編碼，而當資料需要取用載入到記憶體前，在透過相同的加密金鑰幫資料解密，這也同時符合其 FIPS 140-2 的合規性。

　　此靜態加密相當於 Windows 上的 BitLocker，故也不會以明文方式呈現而是密文。另外，金鑰本身須存在具有身分存取控制和原則稽核的安全機制上執行。而資料加密除內建之外，還可借重 Key Vault 的加密金鑰來進行加密，進而保護其非法資料存取情事發生。

6.1.3　基礎架構

◆ 用戶端加密

　　加密是在 Azure 本身或企業內應用程式在進入 Azure 之前來執行。下圖中，資源提供者無須加密金鑰存取權或其他的方式來做解密，即可接收加密的 Blob 儲存資料。而應用程式的加解密是透過在應用程式與服務呼叫內完成。

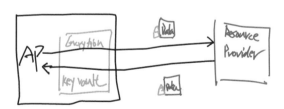

🎧圖 6-1　用戶端加密架構示意

◆ 伺服器端加密

　　指 Azure 服務中執行的加密。圖中資源提供者會執行加解密作業。例如：Azure 儲存體在文字作業中接收資料，並內部執行加解密動作。資源提供者

（Resource Provider）*1 本身可以是微軟內建的加密或客戶自建金鑰保存庫來做加密，最後依照所提供的加密參數設置來做依循實施。

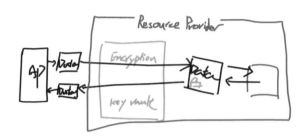

♪圖 6-2　伺服器端加密架構示意

6.1.4　名詞解釋

▌表 6-1　專有名詞說明

專有名詞	說明
Encryption at Rest	為靜態加密，官方也稱待用，就是將放在 Azure 上的靜態資料透過對稱式加密來做編碼，讓資料本身不再以明文方式呈現，常見如：儲存體、資料庫、資料湖等都是。
DEK（Data Encryption Key）	為資料加密金鑰，使用不同的金鑰將每個分割資料區各自進行 AES256 加密，讓即使非法得到此設備上資料，也因破解難度更高，而降低資料外洩的機率。
SAS（Shared Access Signature）	為共用存取簽章，透過存取時間的限制，讓原來開放授權存取的資料，因為時間到期而失效，以達到安全的目的。
KEK（Key Encryption Key）	為金鑰加密金鑰，就是把原來保護資料的密鑰再做一層的加密保護，雙保險。

---

*1　在佈建資源時，會經常需要獲取資源提供者相關的類型資訊，然而要能使用資源提供者前，須先把提供者註冊到自己所屬的 Azure 訂閱本身。

6.1.5　實驗圖文

◈ 實驗目標：Azure 靜態儲存加密與時效性存取

STEP 01　圖 6-3 中❶至❹對指定的儲存體來作個加密，預設是沒有加密狀態的，我們透過金鑰保存庫來做加密，選擇已建立的保存庫與金鑰，另外補充，雖然金鑰可共用在不同服務上，但正式環境建議在服務用途或專案等情境作區分，以免金鑰遺失提高服務風險及資安管理規範。

❶圖 6-3　儲存體服務加密設定

STEP 02 圖 6-4 中❺加密完成後也產生了一串 Key URL，以供未來 AP 串接之用，另外 Blob 本身的對外 URL 只要開放就是永久，時效性開放才更降低風險，透過❻至❼建立 SAS 簽章，測試僅以五分鐘就過期，建立後即產生 SAS URL。

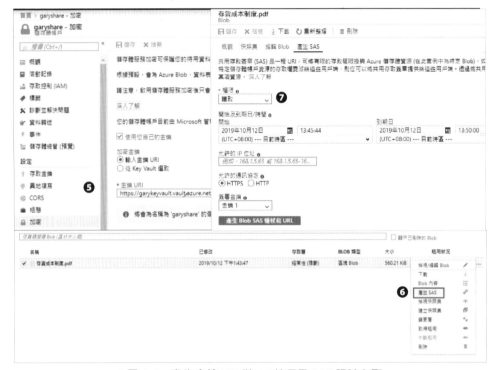

⋔圖 6-4　產生金鑰 URI 供 AP 使用及 SAS 限時存取

STEP 03 圖 6-5 中❽透過 SAS 提供的 URL 存取正常，而❾剛好超過 13:50，因時效性已過，故此 URL 已失效無法再行存取。

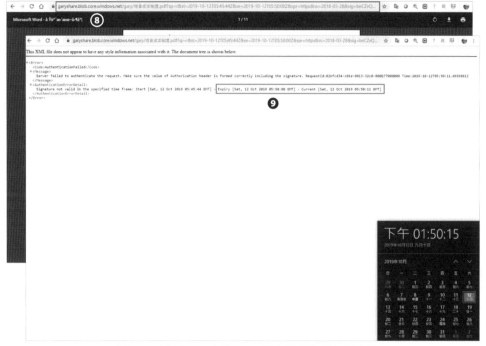

🎧 圖 6-5　驗證 URL 存取 PDF 並在時限後即拒絕存取

6.2 技能解封最終對決：卷軸解封金鑰重鎮 Azure Key Vault

6.2.1　故事提要

◈ 找到傳說堡壘秘文陣地

在天使城外，有一條可以連通到西岸的神祕沙溝，傳說這就是千古流傳的黑木尼海角沙溝，這裡遺留了先古時期的一個祕密。一座高聳立的時空遺忘之石，這邊歷經了先人時期的千百回的大小戰役，也遺留下數不清的歷史足跡，而就在這足跡下面隱藏一張神祕地圖。

回溯到遠古時期當時戰役裡，握有關鍵地圖捲軸的偵查天使，地圖上詳盡載明此份地圖卷軸如何與巴哈奇斯牛角之間如何的融合，一旦成功則可以開啟一個限時的深淵極洞，只有一刻鐘的時間，可以透過斬殺公牛陣爭取到較高的機率，藉此獲得到傳奇暗金神兵或暗綠稀有神裝，讓自身實力更為強大，然而這有個前提是隨著援軍進入洞內越多，牛群的血量也會隨之增多而讓攻打的難度提高，但傳奇神器的出現機率也隨之增加。

天使城中主帥泰尼伯爾決定親征帶幾個陣中實力較為強大的武將與術士，希望也可以讓我們把境外領土上的傳奇產物收編，或是能把合成祕寶有一個完整保留，避免魔界大頭目八邇頓給先馳得點，而開啟了尋找遺忘之石的旅程。回到人類聽得懂的代名詞「金鑰保存庫」，讓我們接著看下去。

6.2.2 應用情境

當我們的資安意識已經相當的進化，也了解到無論是傳輸過程或資料本身，都不應該以明碼方式運作，以避免有心人士輕易的竊取，而加密這項任務雖然不是百分百滴水不漏，倒也是降低同樣犯罪行為下卻需要花費更多的氣力，進而降低犯罪意願，本身受加密的資料要破解談何容易，雖說已經到手的加密資料要非法解密只是時間問題，但至少爭取時間找到對策，以進一步做危機處理的商業應對。

剛剛所專注的都是在資料本身，被加註一道鎖的認知過程，但把一切壓寶在加密元件像是密鑰、密碼、憑證，這看似一切都很美好，似乎滴水不漏。但這樣的加密組件並沒有保證不會被非法獲取，竄改或失竊進而產生了隱性的資安風險危機呢？

有鑑於此，雲端平台也衍生專門針對上述類型來做加密組件的管理，也就是金鑰保存庫，透過金鑰保存庫做集中化統一控管，剛剛提到的密鑰、密碼、憑證，面對來源目標如：儲存、資料庫、網站、容器、伺服器等原來需要放在自身保管，進而放到安全保險櫃。而開發人員也無須在應用系統程式碼中存放金鑰密碼，以降低網站本身與作業流程相關安全風險。

　　除此之外，同時具有監視存取服務的情況，同時保存庫也有更高的可用保證。讓管理者無須煩惱單點失敗風險，上述談論的屬於軟體式加密的範疇，而若是客戶需專屬加密硬體來支援，雲端平台也一樣有通過 FIPS 140-2 Level 2 認證資格的硬體加密模組（HSM）來做保護。

6.2.3　基礎架構

- 起初用戶透過 Azure AD 來註冊應用程式。

- 應用程式註冊完畢，給予應用程式一組租戶 ID 與身分密鑰。

- 當應用程式透過金鑰保存庫做身分驗證程序，透過 Azure AD 來請求授權 Token，讓註冊過程中同時收到租戶 ID 和密鑰。

- 最後 Azure AD 才向應用程式給予一組暫時性 Token，並透過此 Token 讓金鑰保存庫進行驗證作業。

- 透過金鑰保存庫，讓您的金鑰無須再存在應用程式中。只需在執行期間對金鑰保存庫進行驗證即可。

- 回到管理角度，透過嚴謹管控哪些用戶和應用程式存取金鑰保存庫，進而達到審核並規範限制所進行的作業。

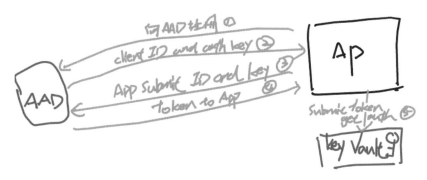

⋂圖 6-6　應用程式透過 Key Vault 存取架構示意

6.2.4 知識小站

◈ 應用程式安全性主體識別關係

- 用戶主體用以識別使用者個體。

- 群組主體以識別 Azure AD 使用者所被派任的群組賦予的角色權限。

- 服務主體則是用於識別應用程式或服務本身。故原生支援受控識別 Azure 服務與，非 Azure 服務仍可透過對 Azure AD 租用戶註冊應用程式來做識別。

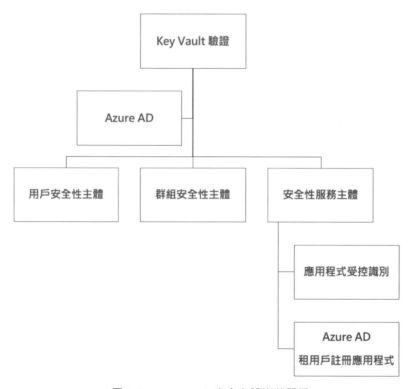

☊圖 6-7　Key Vault 安全主體樹狀關係

◈ 加密組件在金鑰保存庫的呈現形式

▌表 6-2　Key Vault 對於各加密組件呈現形式

容器類型	支援物件類型	URL 尾碼	URL 端點格式
保存庫	受軟體保護金鑰	/keys	https://{vault-name}.vault.azure.net
	使用 Premium SKU（HSM 保護金鑰）	/secrets	
	憑證	/certificates	
	儲存體帳戶金鑰	/storageaccounts	
受控	受 HSM 保護	/keys	https://{hsm-name}.managedhsm.azure.net

◈ 金鑰保存庫安全建議

控制存取權

- 透過用戶角色給予訂用帳戶、資源群組和金鑰保存庫適當存取權
- 為每個保存庫設置精細的讀寫，修改等存取原則
- 用最低權限來存取主體並授與控制
- 啟用防火牆和VNET服務端點

使用各自獨立的Key Vault，以降低發生漏洞時減少威脅。

- 每個應用程式。
- 功能任務如：開發，使用者測試和正式生產環境。

備份

- 物件建立，修改或刪除時，定期備份保存庫。
- 透過Azure PowerShell或CLI備份憑證，金鑰與密碼。

保存庫記錄並設定告警通知警示。

復原模式

- 啟用虛刪除。
- 啟用虛刪除後想要移除不必要的秘鑰，可以透過清除保護來解鎖。

⋒圖 6-8　Key Vault 安全性建議

◈ Key Vault 記錄的參數呈現說明

```
{
        "records":
        [
            {
                "time": "2016-01-05T01:32:01.2691226Z", 日期時間 (UTC)
                "resourceId": "/SUBSCRIPTIONS/361DA5D4-A47A-4C79-AFDD-XXXXXXXXXXXX/
RESOURCEGROUPS/CONTOSOGROUP/PROVIDERS/MICROSOFT.KEYVAULT/VAULTS/CONTOSOKEYVAULT",
為 Azure Resource Manager 資源識別碼。這屬 Key Vault 的識別。
                "operationName": "VaultGet", 描述作業名稱
                "operationVersion": "2015-06-01", 用戶端所要求的 REST API 版本
                "category": "AuditEvent", 此為 Key Vault 所表示的唯一類型
                "resultType": "Success", REST API 要求後的結果狀態
                "resultSignature" : "OK",  Http 呈現的結果狀態
                "resultDescription": "",
                "durationMs": "78", REST API 要求時所花費的時間，以毫秒為單位。但沒算網路
延遲，故用戶所測的時間可能會有所誤差。
                "callerIpAddress": "122.51.7.x", 要求用戶的所在 IP
                "correlationId": "", 藉由傳遞 GUID 讓用戶與金鑰保存庫服務記錄相互關聯。
                "identity": {"claim":{"http://schemas.microsoft.com/identity/claims/
objectidentifier":"d9da5048-2737-4770-bd64-XXXXXXXXXXXX","http://schemas.xmlsoap.org/
ws/2005/05/identity/claims/upn":"live.com#username@outlook.com","appid":"1950a258-227b-
4e31-a9cf-XXXXXXXXXXXX"}},
權杖中的身分識別，可能是用戶，服務主體或用戶+應用程式 ID 的組合呈現。
                "properties": {"clientInfo":"azure-resource-manager/2.0","requestUri":
"https://control-prod-wus.vaultcore.azure.net/subscriptions/361da5d4-a47a-4c79-afdd-
XXXXXXXXXXXX/resourcegroups/contosoresourcegroup/providers/Microsoft.KeyVault/vaults/
contosokeyvault?api-version=2015-06-01","id":"https://contosokeyvault.vault.azure.
net/","httpStatusCode":200}
涵蓋用戶傳遞代理程式字串，以符合 REST API 要求的 URI 及 Http 狀態碼。
            }
        ]
    }
```

6.2.5　名詞解釋

▌表 6-3　專有名詞說明

專有名詞	說明
Tenant	為租用戶，可想成是擁有專屬雲端平台專屬組織，如：garylabhotmail.onmicrosoft.com，而組織目錄下涵蓋 Azure AD 帳戶、群組物件與各種服務個體。
Tenant ID	為租用戶識別碼，也就是在 Azure 訂閱帳戶中 Azure AD 唯一識別的一串文數字，可想成監獄犯都有自己的專屬 ID 以利管理。
Service Principal	為服務主體，作為特定角色的身分識別，作為提供用戶透過應用程式來存取指定的 Azure 資源。其控制權非綁定在用戶本身，服務主體僅授權給為了當時的工作作業才賦予所需的許可權，以確保安全。
Managed identities	為受控識別，此服務在 Azure AD 身分驗證的條件下，透過信任機制將受控識別提交給 Azure 中的服務，而服務透過受控識別，進而向金鑰保存庫進行驗證，而無須再透過程式碼來做驗證識別的動作。
HSM	為硬體安全模組，屬於硬體加密認證系統所使用到的數字金鑰，提供專屬密碼學的硬體模組，一般透過擴充卡或外部裝置，進而直接連至電腦或網路伺服器中。
FIPS 140-2	為聯邦訊息處理標準，140-2 是用於美國政府電腦的加密模組安全標準。對於重要而非機密類型的資訊產品，符合美國政府對加密相關安全需求的認證規範。
Key Vault 憑證	此憑證一旦受到金鑰保存庫保管，就可以透過建立原則來管理憑證生命週期，匯出金鑰等安全限制。針對憑證到期和生命週期更新事件通知資訊，配合 X509 憑證提供者 / 憑證授權單位自動更新。

6.2.6　實驗圖文

◈ 實驗目標：金鑰保存庫設置與憑證代管

　　先前篇章無論是磁碟，儲存或資料庫等形式，都可以透過金鑰保存庫來做託管的加密服務，實際上此服務加密應用是極廣泛的，希望透過此篇章簡單的示範，可以讓需要的讀者帶入更深的應用。

<u>STEP</u> **01** 圖 6-9 中❶至❹進到 Azure Portal 後，搜尋「key Vault」並建立此服務，過程中一樣選擇訂閱，資源群組、自訂名稱、地區、定價層及已刪除的保留期限（也可以選擇直接清除不保留），資訊驗證無誤後就開始建立。

∩圖 6-9　建立金鑰保存庫

<u>STEP</u> **02** 圖 6-10 中❺至❼建立完成，進入金鑰保存庫管理介面，第一次先進到存取原則，把目前的帳戶權限，根據金鑰、憑證與祕密各自所需的權限提升，而如要新增帳戶存取也可在此增加。而❽至❾來建立金鑰包含類型、長度大小及是否需要起始日期，這些都是安全上需求考量。

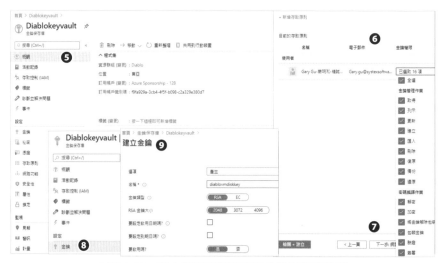

∩圖 6-10　建立存取原則及建立金鑰供服務使用

STEP **03**　圖 6-11 中❿至⓫建立好金鑰後，就可在很多服務，透過此金鑰及對應的版本來做加密整合，以提升資料本身及管理授權。而⓬原來是自簽憑證對 IIS 網站做憑證的加密，我們也希望可透過金鑰保存庫來做代管。

　❶圖 6-11　完成金鑰後的版本相關資訊，另外管理憑證前確認 https 網站正常

STEP **04**　圖 6-12 中⓭至⓯建立憑證時選擇「匯入」，並把原來放到 IIS 上的網站憑證，事先匯出成 .pfx（也支援 .pem）格式並做匯入動作，一旦匯入完成後，檢視其憑證狀態，最後就可透過此作為憑證下載（包含 .pfx 或 .cer），統一做管理。

○圖 6-12　匯入既有自簽憑證

> 💬 **說明**　透過發放原則來進一步套用，其中包含有效日期、憑證類型、留存動作、是否更
> 新重複等安全細則，以做相對應措施，不過原則生效時間一旦設置，只會影響未來發行的憑
> 證，而不會影響現有已存在的。

6.3 技能解封最終對決：重要機要防竊攻防
Azure SQL Structure Security

6.3.1　故事提要

◆ 世界之石的保護枷鎖

上篇章提到時空遺忘之石這樣一個傳奇的禁地，其實一直被咒術法陣所保護著，在這蠻荒之地一直有位高人在默默守護著，而這個人就是不死法老奧多奇尼。雖然泰尼伯爾極盡所能，不斷釋出最大善意表態這次的到訪，希望能夠獲得不死法老的支持，助我們一臂之力找出巴哈奇斯牛角與神祕的地圖卷軸，讓我們帶回天使城守護著，但似乎仍無法遊說法老能給予我們幫助。

正當放棄而打道回城時，這一片時空遺忘之石陣地的邊界，似乎充斥著先人的靈魂在指引著我們，遠處望去看似不起眼的山壁，從山壁夾縫中發出一個柔和的光源，秘術士緩緩近身探頭一看，驚訝大叫，這…這不就是傳說中可以合成秘文的無瑕紅金寶，這可是珍貴的祕寶素材，得來不易。

雖然獲取神兵的希望渺茫，換個角度想也不全然沒有收穫，只要能把無瑕紅金寶與世界之石上面的符文相融合，進一步作為識別的枷鎖。即便讓八邏頓奪取到世界之石，但因召喚時部分符文受到識別控制而無法破解。回到人類聽得懂的代名詞「資料列層級安全」，讓我們接著看下去。

6.3.2　應用情境

一般我們對於身分存取授權，人員間可以用帳戶來做分權控管，作業系統可以分權控管，資料可透過檔案資料夾來做分權控管，服務與服務之間也可以有閘門控制進出，然而資料庫本身管理上也應當不例外（假設以微軟關聯式資料庫為主）。

　　各型網站、App、遊戲、投資下單、社群服務等沒有一種應用可以支撐前端完整用戶體驗，個人化價值完整體現，但是卻不需要資料庫的，試想這應該不太可能。

　　資料庫專業的任務養成並非易事，即使專職 DBA 人為介入也常無法有效全面管理，同時要因應各種商業任務與生活日常、資料庫安全合規、效能分析優化、資料庫之間資料同步複寫完整性、高可用自動切換、異地備援等眾多工作，均圍繞在資料庫相關知識領域當中。

　　而託管類型的資料庫（像是 Azure SQL）就是為了可以幫助企業免除上述困擾，以下列舉幾項內崁在資料庫的安全方案功能，即使沒有 DBA 也可以全面掌握全局，如：網路防火牆規則、服務端點限制、Azure AD 身分驗證、資料列層級安全、進階威脅防護、記錄審核、傳輸中 TLS 加密、透明資料加密 TDE、動態資料遮罩、弱點評估、探索分類與合規。

　　此篇以資料列層級安全來做示範，即使身處同一個部門，但因為任務不同而有不同的隱私權，彼此無法輕易檢視對方的資料列，進而控制各資料列的安全存取。

6.3.3　基礎架構

　　資料列層級安全源於 Azure SQL Database v12 版本開始，提供有別於以往，讓資料庫在每次嘗試存取資料時，均能套用存取限制。藉此縮限安全範圍，讓系統所接觸的資料面積更為安全可靠。

　　資料安全本身依附在資料庫層級間，原本應用程式連接資料庫存取資料行為並未改變，透過資料列層級安全機制來達到資料隔離效果，讓單位的成員可以存取 A 部門 A1 相關資料列，然而 A2 單位成員雖然也在 A 部門無法存取 A1 相關資料列，反之亦然，而雙方成員本身對 A 單位的資料庫權限都是一樣的，透過下圖來進一步理解。

● 下圖中三位 User 均隸屬專案部門成員，故三人均能存取資料庫中 AI 專案所屬資料列表。

- 透過圖中 RLS 安全原則套用至 SQL 陳述式，以提高資料列層級安全。

- UserA 與 UserC 分別只能存取隸屬於各自 AI 專案的資料列。

- 非 AI 專案的 UserB 同仁雖然可以存取同一個資料庫，但並無法存取 AI 相關資料列。

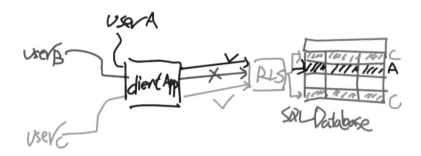

∩圖 6-13　SQL Structure Security（RLS）架構示意

6.3.4　知識小站

◈ 資料列層級安全（RLS）目前限制

- 不支援 In-Memory OLTP 資料表。

- 全文檢索索引（Full-Text index）本身會略過安全原則，而仍可完整獲取所有資料。

- DBCC SHOW_STATISTICS 原來可根據資料顯示標頭、長條圖與密度向量。然而一旦設置 RLS 後，其統計功能需要以下其中之一的角色 sysadmin、db_owner 或 db_ddladmin，方能實踐資料庫對執行任何資料定義語言的命令。

- 不支援在 RLS 原則下的資料表建立索引，因為一旦有了索引，資料列檢視會直接忽略原則。

- RLS 本身不支援檔案串流，Azure Synapse 和 SQL Server 2019 CU7 以上版本的外部資料表才支援 RLS。

◈ 資料列層級安全本身支援兩種安全述詞

- 篩選述詞讀取作業：如 Select、Update、Delete。
- 封鎖述詞寫入作業：如 After Insert、After Update、Before Update、Before Delete。

6.3.5　名詞解釋

▌表 6-4　專有名詞說明

專有名詞	說明
DEK （Database Encryption Key）	為資料庫加密金鑰，為了保障資料庫中資料安全完整性，透握 AES256 加密演算，對資料庫啟用加密，進而確保資料安全。
RLS （Row-Level Security）	為資料列層級安全，根據用戶的上下文來控制用戶可以存取的資料列。主要有兩部分：安全政策和安全述詞，一個安全政策可以內含多個安全述詞。
TDE （Transparent Data Encryption）	為透明資料加密，加密資料庫裡的敏感資料，用憑證來保護加密資料的金鑰，以防止沒有金鑰的用戶使用該資料。
OLTP （Online Transaction Processing）	為線上交易處理，由資訊系統、網路、資料庫相結合，以交易資料做即時處理，取代傳統批次資料處理方式，線上交易常用於訂單。銀行這類自動化資料處理工作。

6.3.6　實驗圖文

◈ 實驗目標：SQL 資料列層級安全限制

STEP 01　圖 6-14 中❶已先建立好一台 Azure SQL Database 環境，透過❷要連到 Azure SQL，都需要設置白名單信任 IP，才允許存取操作，❸至❹登入 SQL 時，用資料庫伺服器 FQDN 與所設定的帳密進行登入，目前無任何資料表。

↑圖 6-14　驗證登入 Azure SQL

STEP 02　圖 6-15 中❺至❻建立三組帳戶分別是 Sale1、Sale2 及 Manager，並確認帳戶已建立，透過❼建立一張業務資料表包含圖中示範的欄位。

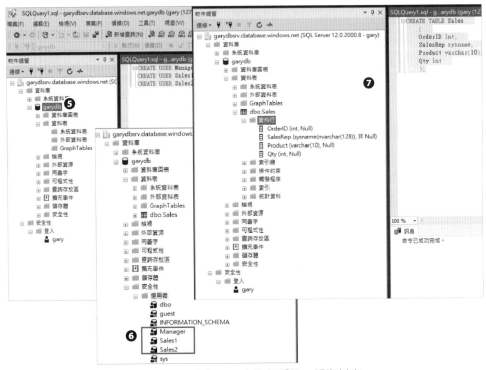

↑圖 6-15　建立 SQL 存取帳戶及一張資料表

STEP **03** 圖 6-16 中❽嘗試對 Sale1 與 Sale2 塞幾筆資料進去，透過❾各帳戶對資料表給予讀取權，❿建立結構描述及內嵌資料表值函式。SalesRep 資料列相同且帳戶執行查詢時（@SalesRep = USER_NAME()）或執行查詢的帳戶是管理員（USER_NAME() = 'Manager'）時，則回傳成功執行命令。

∩圖 6-16 匯入資料與函式建構

STEP 04 圖 6-17 中⓫建立篩選器述詞加入安全性原則並設為 ON，透過⓬允許 fn_
securitypredicate 函式的 SELECT 權限，⓭至⓮各帳戶 Sales 資料表查詢，
僅管理者可看到兩邊業務資料，而各業務只能看到自己的。

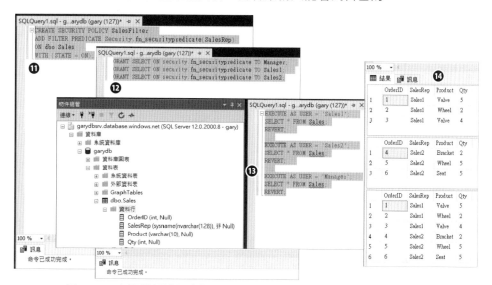

∩圖 6-17 在篩選器述詞中加入安全性原則，並呈現出各自不同資料範疇

STEP 05 圖 6-18 中**⑮**停用此安全原則為 OFF，從**⑯**至**⑰**可以檢視到任何人都可以相互看到對方資料無安全隱私性。

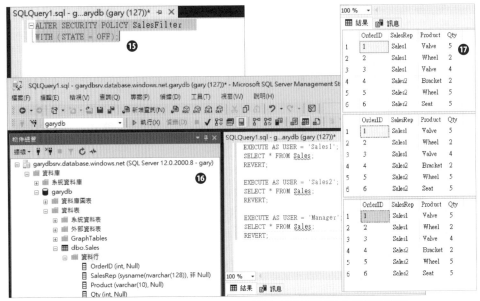

①圖 6-18 當安全性原則關閉，則各自都可呈現出全部資料範疇

6.4　技能解封最終對決：戰坑下肉搏防衛 Azure Container Security

6.4.1　故事提要

◆ 城中互斥的虛幻空間術

天使城的所有子民上下齊心，都嚴陣以待面對入侵者，以保護世界之石作為終極目標。

然而常常忽視了擔負起天使城內外及人類世界一草一木的所有子民，都是天使眾將士們堅毅不屈、堅守正義的決心。

犧牲往往會是每一次戰役中維繫著初衷信念的過程，這一直是不得不的選項，沒有人希望自己的天使同袍犧牲，然而經過一次次的死循環，泰尼伯爾的子弟兵、造物秘術師帕卡拉尼說話了。原來最近的她一直埋在祕法攻防的實驗室當中，正在嘗試著一個大膽前衛的祕法計畫。

之前在絕望之巔戰役裡，斬殺了血武神三兄弟，而獲得到稀珍的靈魂寶石，有了這三顆寶石的異次元屬性，釋放出顛倒空間魔法陣形，讓原來分屬四面八方的城口彼此間相互隔離，即便八邇頓派大軍強攻城池，即便某一城口攻破，原來從外向內延伸進攻長驅直入，轉為自動觸發隔離結界，並產生生命之水，不斷補充守護天使量能補血，進而轉守為攻，讓八邇頓軍團成了囊中物，被一網打盡。回到人類聽得懂的代名詞「容器安全」，讓我們接著看下去。

6.4.2 應用情境

短短十多年間的時間，隨著運算資源的快速推進，從原有專用實體伺服器，從原本每台伺服器只專注做一種任務，直到伺服器虛擬化世代，多工讓原本一台實體伺服器上虛擬出多台虛擬機器。倚賴這樣的思維持續買進資產開始疊層架屋跑虛擬機，已行之有年並持續至今，另一面向在有限成本、人力資源情況下，直接開通雲端平台租戶，一樣輕鬆寫意建立出虛擬機。這樣的技術服務模式仍舊是企業公司作為服務應用的來源基礎。

然而，有個新觀念在這幾年間開始悄悄萌芽，越來越多的應用程式服務，捨棄原來的架構基礎，它就是「容器」。這資源本身看似不起眼，主要目標就是從原有伺服器虛擬化再縮小到作業系統虛擬化。

透過 Docker 引擎支撐起應用程式與作業系統間的溝通調用呼叫，讓應用程式更為輕量有效率，進而實踐容器的當紅炸子雞。而能把容器間的資源能有效的分配調用，服務高可用也更日益成熟，底層更為穩定，當屬「K8s」無誤。雖然 Docker 也有自己的 Compose 多容部署，以及 Swarm 高可用叢集架構，不過容器技術優劣不在此探討範疇，針對此議題，小弟在第 12 屆也有分享此主題篇章「現代化小白也要嘗試的容器手札」，可以給還沒有碰過但有興趣朋友們，踏入容器的不歸路。

有了基本容器觀念，Azure 平台上，手工搭建支援容器作業系統 Ubuntu、CentOS 或 Windows 外，只需專注 Dockerfile 編碼、程式邏輯撰寫、YAML 腳本編排。透過 AKS 搭配 ACR 的託管服務，並擁有監視安全原則，讓應用服務更無慮，租用更有價值。

6.4.3 基礎架構

選用 AKS 容器託管服務，進而幫助企業內部作為開發、部署和管理容器之用。

走到今天，Azure 資訊安全中心與過去已不能同日而語，與 AKS 雲端原生做無縫安全整合，幫助容器環境做持續性分析，以利更多即時保護及威脅偵測。

資訊安全中心可做一個虛擬專業 SoC 中心，坐鎮接收來自於 AKS 的資料。AKS 叢集架構區分 Master Node 及 Work Node。

- **Master Node**：在 k8s 整個架構中 Master 扮演著稱職的管理叢集要角，管理用戶可透過 CLI、GUI 或 API 與 Master 做彼此間通訊互動，以達到其讀寫、控制或變更叢集資源配置，如 Pod 數量、計算資源大小等目的。

- **Worker Node**：為 K8s 要執行運作的最小伺服器單位，一個工作節點對應一台主機，其中可以是實體機器，如機架伺服器、PC、NB 或 VM 等。

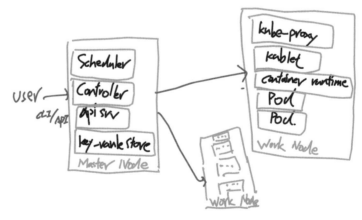

❶圖 6-19　K8s 基礎架構示意

- 在 AKS 中，有著需要傳達用戶命令給 Master Node 運作的 API Server，我們會收集關於 API 的稽核紀錄。

- 最小工作單位 Node 節點，透過已安裝的 Log 分析代理程式，進而收集容器相關安全事件，像是可疑存取行為識別、可疑 IP 連線等。

- 針對 AKS 叢集來收集此叢集組態設定資訊，把上述收集到的資料，傳遞給資訊安全中心。

- 透過資訊安全中心持續性探查，或是跨叢集節點的威脅分析保護，讓管理者可進一步透過儀表監視來發現問題並給予適當處理。

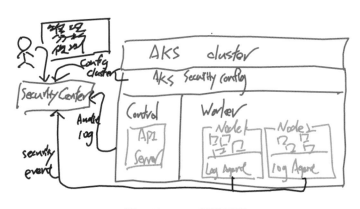

⚡圖 6-20 AKS 架構示意

6.4.4 知識小站

◈ Azure Container Instances 的安全實踐

- **善用私人登錄**：容器本身是透過儲存庫中的映像檔來佈建。可以是公開形式像 Docker Hub，或是用於企業內非公開存取像 Docker Trusted Registry、Azure Container Registry（可搭配 AKS 部署推送的一條龍服務）。

- **監視容器映像**：透過資訊安全中心整合 Qualys 工具，掃描 ACR 容器登錄中的映像，檢核是否有潛在弱點。

- **認證授權**：容器執行過程會根據資源可用性適當調用分配至叢集中。故登入密碼或存取認證越顯重要，給予所需任務用戶授權，進而允許容器資料編修、傳輸等作業。

- **透過弱點管理檢核開發中容器**：開發過程透過弱點管理，進而辨識出潛在問題，並找出解決作法，以避免成品發布後引爆嚴重資安災情。

- **確保環境中僅有合規的容器映像**：不允許未知容器，儘量選用功能精簡單一的 Linux 套件作為映像基礎，像 Alpine、CoreOS 這類輕量容器作業系統環境，避免過於豐富的 Ubuntu、CentOS，讓潛在攻擊面積降至最低。

- **Azure Monitor**：可用來監視容器資源活動及相關合規性原則，以利後續容器安全的遵循基準。

6.4.5　名詞解釋

▌表 6-5　專有名詞說明

專有名詞	說明
Container	譯為容器，打破原來舊有虛擬機跑服務的思維，容器可直接將所需程式代碼、呼叫執行的環境命令打包成容器映像，透過 Docker 把映像提取，再透過容器執行所提取的映像，進而執行程式內的腳本程式，直接呈現應用服務。無須拖著厚重作業系統，故非常輕量，執行速度效率極高。
CIS Docker Benchmarks	為網際網路容器安全基準測試，透過簡易腳本來測試 Docker 環境，是否符合容器安全的最佳實踐。
Kubernetes	簡稱「K8s」，目的是用於自動部署、擴展和管理容器資源調用的開源系統。源自於 Google，之後捐給 Cloud Native Computing Foundation，公開讓大家使用。
Container Registry	譯為容器登錄，一般作為 Docker 映像儲存的空間之用，容器部署過程中，如果本地端沒有部署的映像時，則會需向容器登錄重複提取映像的作業。
Qualys	為雲端 SaaS 形式專門作為弱點管理，網路資產，威脅分析等安全合規的軟體工具。

6.4.6 實驗圖文

◈ 實驗目標：ACI 與 AKS 佈建與安全監視

STEP 01 登入 Azure Portal 後，從新增服務選擇「容器」，可同時找到容器登錄及 AKS，先從容器登錄開始示範。

STEP 02 圖 6-21 中❶選擇訂閱、資源群組、地區、定價層及自訂後續作為容器儲存庫名稱。而❷至❸包含更進階的私有網路及 ACR 客戶自行加密金鑰，都不在標準層支援範圍內，故直接反白忽略，最後❹透過上述條件部署完成。

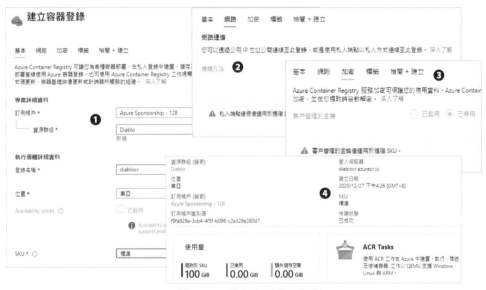

⋒圖 6-21　建立容器登錄服務

STEP 03 圖 6-22 中❺至❻測試透過一台 Ubuntu 容器環境並拉下映像，透過 ACR 所提供的伺服器 URL 與帳密資訊登入，把映像檔推至 ACR 做保存。從❼至❽可以檢視 ACR 的管理空間使用率外，實際存放庫中的映像確實上傳並保存。

♪圖 6-22　建立 ACR 完成後上傳映像功能驗證

STEP 04　圖 6-23 中❾為了高可用安全性，一旦把定價層調至進階，可以提升更多安全功能。❿設置跨域的容器儲存複寫，⓫可自動刪除未標記的資訊清單，以防止儲存過多映像來節省成本。最後⓬僅提取已核可簽署的映像，以提高安全性。

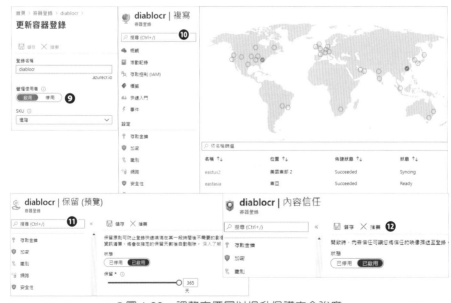

♪圖 6-23　調整定價層以提升保護安全強度

STEP **05** 圖 6-24 中❸至❹建立 Kubernetes，選擇訂閱、資源群組、地區、計算節點
大小、自訂叢集名稱與支援版本。而❺自訂節點集區名稱、OS 類型、節點
數量及 Pod 的數量上限。

⚡圖 6-24　建立 AKS 叢集與節點集區

STEP **06** 圖 6-25 中❻節點預設至少三個，因為測試故降低數量，另外配合 VMSS（運
用虛擬機器擴展集這服務）作為自動擴展之高可用。另外，❼驗證方法可選
擇系統指派受控識別，以便整合 ACR，RBAC 角色權限也記得啟用，其餘
依預設即可。

∩圖 6-25 設定虛擬節點及身分驗證

STEP **07** 圖 6-26 中⑱至⑲走 Azure 的虛擬網路，其中涵蓋叢集子網路、Kubernetes 服務、DNS、Docker Bridge 的流量，都透過 Azure 網路原則控制。最後⑳ 整合剛剛的 ACR 並啟用監視與原則。

∩圖 6-26 設定 AKS 網路並整合 ACR 與原則監視運帳

STEP **08** 圖 6-27 中❷❶在 AKS 建立完成後點選「概觀」，執行連線後，提示透過
Cloud Shell 或 Azure CLI 連線環境，搭配指令範例作為後續的功能驗證。
透過 Cloud Shell 使用 kubectl 指令對剛剛部署完成的 AKS 環境，在登入驗
證成功後，可嘗試檢查如 AKS 的 Cluster 狀態、Namespace（將原來擁有
實體資源的單一叢集虛擬成多個），檢視其部署的資源、Pods 所運行的節
點位置等，確認環境健康無誤後，就可以嘗試跑 YAML 程式確認其功能性，
本次透過簡單的投票網站系統來做部署示範。

❶圖 6-27　AKS 建立完成並檢視連線資訊

STEP **09** 圖 6-28 中❷❷根據範例程式 vi 指令，編輯投票系統的範例程式並存成
YAML 檔，透過 cat 檢視剛剛的 YAML 檔的程式內容是否 OK，並透過❷❸用
kubectl Apply -f azure-vote.yaml 來做環境部署。

Ⓐ圖 6-28　透過 AKS 部署投票範本檔來做網站服務上的存取

<u>STEP</u> **10**　圖 6-29 中㉔部署完畢後，並在前端掛載負載平衡並給予公用 IP，透過瀏覽
　　　　器連線就看到貓與狗的投票 App，並能實際投票記數。

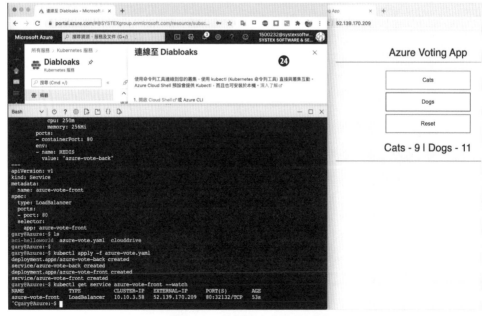

Ⓐ圖 6-29　投票建立完成並測試

STEP **11** 圖 6-30 中㉕分別檢視資訊安全中心，針對容器安全保護 AKS 與容器登錄做
啟用。㉖檢視容器叢集是否依循在 VMSS 自動擴展服務中，顯示目前狀態
建立相同為兩個節點，最後㉗在 Log 分析工作區確認兩個 Linux 節點已被
註冊。

⋒圖 6-30　透過資訊安全中心啟用對容器的保護

STEP **12** 圖 6-31 中在資訊安全中心收集了一段時間後，㉘至㉙開始偵測目前 AKS 資
源本身的安全現況問題警示，並給予建議。而㉚至㉛也偵測出容器登錄服務
上所需修正調整的安全建議，以利後續的安全改善之用。

🎧圖 6-31　從資訊安全中心檢視 AKS 與 ACR 安全狀態

STEP 13　圖 6-32 中❸②至❸❸開始列出一條條容器安全的準則規範，並確認改善與否，
即便沒有專業資安人員或非熟悉容器的資安人員，也能幫助您的容器環境
更為安全，一步步遵循規範建議修正改善，讓安全風控都在掌握之中。

🎧圖 6-32　AKS 安全性並搭配資訊安全中心檢視其各項建議

6.5 技能解封最終對決：誓死捍衛世界之石的祕密 Code security

6.5.1 故事提要

◈ 世界之石身世之謎

天使城的首領代表泰尼伯爾與魔界勢力的殺絕之王八邇頓，正邪兩派勢不兩立。從過去千年的歷史至今，天使城為了人類世界的和平，不斷掀起保衛家園的沉重任務。而世界之石一直都視為能否改變世界樣貌的一個重要里程碑。

回顧到幾千年以前的戰役，在創世天使之神艾弩希爾力抗煉獄熔爐的死神艾修塔瑞時，在戰鬥之時，艾弩希爾處於劣勢的持續被死神召喚出的毒藤團團包圍，不斷被屍爆火球攻擊。因為耗費過多的聖光術抵禦攻擊，而用盡了氣力，雖然依賴最終必殺奧義，天堂之拳打退了艾修塔瑞，但仍逃不了全身火球吞噬而壯烈犧牲的命運。雖然全身已被火焰吞噬，但卻有一樣器官被神奇的完整保留下來，那就是我們的靈魂之窗「藍窗之眼」，裡面回放大大小小所有戰役紀錄，而最重要的就是能征服整個世界的特殊秘文，然而說也奇怪，藍眼隨著時間演化推移不斷的變的巨大，而後人給予這藍眼這樣一個封號，我們叫它「世界之石」。

一旦讓魔神反派先馳得點，就很可能會危害整個世界的平衡，籠罩在暗黑的世界之中，藍窗之眼這樣夢幻又致命的神祕之石，經過歷史的不斷推演，終究還是完好留存在天使城中被保護著，現今的藍眼（世界之石）早以注入了許多新的祕法，無論是時空戳記，心靈識別等多項元素，讓世界之石不再輕易讓非法解封，以阻擋一統成為魔界世界的大業。回到人類聽得懂的代名詞「代碼安全」，讓我們接著看下去。

6.5.2　應用情境

資訊安全的堡壘疊層架屋，堪稱滴水不漏的高級防線。試想一個情境，就如同先前篇章的所有防線，看似我們都已封阻完成。任何的作業存取、傳輸分享、檔案下載更新作業日常，都均依照作業流程安全性，平台工具也都安全合規無誤，一切都在掌握之中，在受信任的環境下作業，似乎也不太需要過多的提防。

就在某天，一個程式卻成為你我平時作業環境中的漏洞催化劑，因為程式原始碼的鬆散，資料傳遞與流程控制產生了弱點而被死裡打，一旦造成這樣的資安情事，實在難以想像背後巨大的商業損失。

當然，如果不是企業組織內同仁所開發的程式，仍舊會有一定的資安意識，然而在現實中自家開發出來的程式，無論目的是要面對內部員工或服務大眾，近期某智慧手機內含可能洩漏個資的事件也是血淋淋的例子，故程式碼安全檢測在出廠前確保其安全是非常重要。

我們無法保證每位開發者的設計都以資安規範作為開發設計的框架藍圖，原始碼檢測專業服務是透過外部顧問形式加強改善，除了費用不低外，多數都是像是成品的修繕作業。如果平時開發過程就可透過安全原則的開發環境，並搭配原始碼安全檢測工具，時時可以檢視每個環節中的程式，除了兼顧安全外，更能滿足商業市場及安全性，一舉數得。

Azure DevOps 服務中的 Pipeline 可透過延伸模組來新增安全性程式碼分析工具，透過分析後產生紀錄，並給予可行的結果修正建議。而單一工具並非萬能，所以根據自身開發環境的生態圈，來安裝所需免費或付費的程式碼檢測、安全掃描等工具來完成。

6.5.3　基礎架構

- Azure AD 透過 GitHub 做身分識別，可啟用雙因素驗證提高身分安全。
- 開發者透過 GitHub 執行專案，利用 Azure Boards 看板管理專案進度。
- GitHub 透過 GitHub 源碼安全整合掃描與自動安全分析。

- 其中會在 Azure Pipelines 中觸發持續整合，並做自動化測試。

- Azure Pipelines 持續整合產生容器映像，此映像會存至 ACR，並在 AKS 運行時呼叫此映像容器。

- 上傳至 ACR 時，資訊安全中心會掃描映像本身是否有 Azure 原生弱點，並給予推送時的安全性建議。

- Azure Pipelines 透過安全連線存取容器映像，並持續傳到 AKS 中。

- 透過 Azure Policy 強制套用安全政策到 Azure Pipelines，後續套用給 AKS 來強制執行相應原則。

- 金鑰保存庫將認證密鑰託管在內，讓機敏資料從應用程式中抽離。

- Azure 監視涵蓋安全紀錄，並針對可疑活動發出警示。

- 最後一哩路，資訊安全中心對 AKS 叢集與節點上進行主動式威脅監視。

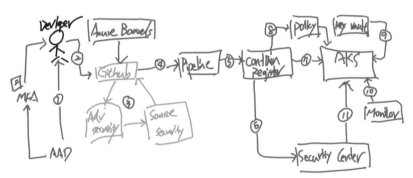

⋒圖 6-33　Azure DevOps 架構示意

6.5.4　知識小站

◈ 威脅模型化工具

　　此工具為微軟安全開發生命週期的核心元素。透過此工具可在軟體架構設計期間，提早識別可能潛藏的安全問題，避免蝴蝶效應，讓總開發成本降低。

　　除此之外，此工具也考慮到非資安專家也能讓開發者更加輕鬆建立威脅模型。此工具於 2018/9 正式發行。並可讓開發者每次開啟此工具，都能將最新增強功能和錯誤修正傳至客戶，更易使用與維護。

◆ 威脅模型化程序

♪圖 6-34　威脅模型標準流程

6.5.5　名詞解釋

▌表 6-6　專有名詞說明

專有名詞	說明
DevOps	其本身屬於兩個名詞的組合：Development 和 Operations，前者重視軟體開發，後者兼具資訊運帷間的協同合作。透過自動化軟體交付，從建立、整合測試、部署程式到運帷更新，更加敏捷彈性與穩定。
DevSecOps	就在敏捷開發與運帷過程中，從程式源碼、基礎建設、雲端服務及部署運帷的環節中，把資訊安全思維導入，徹底實踐。
Azure Boards	為 Azure 看板，目的是透過此看板來檢視整個工作流程進度，更為有效快速的掌握專案。
Azure Pipelines	為 Azure 管線，更為敏捷做自動化持續整合，持續部署到生產或開發環境中，也涵蓋至各種雲端環境上。
Binskim	作為二進制靜態分析工具，透過自動化來完成二進制文件的分析並試圖找出漏洞。
Roslyn	此分析器是微軟編譯器整合式工具，主要是用在靜態分析 managed c # 和 Visual Basic 程式碼上。

專有名詞	說明
CredScan	為認證掃描器，會在程式碼存放庫的資料夾結構內分析檔案。透過獨立組建執行 CredScan，並發布安全分析紀錄來取得結果。
SDL（Security Development Lifecycle）	為安全開發生命週期，目的是協助開發人員設計出更合乎安全合規性的軟體，同時降低軟體開發過程的成本。
Taint Checking	為污點檢驗，用於開發程式語言的安全性，以降低非法惡意用戶，透過主機執行非法指令如：Perl 和 Ruby。

6.5.6 實驗圖文

◈ 實驗目標：Azure DevOps 基本安全設置

● **方法一：建立 DevOps 預設範本，登入 DevOps 做後續組織安全設置**

透過 Azure Portal 新增服務時，搜尋「DevOps Starter」就會看到此服務，透過四個步驟分別為選擇應用程式 Runtime、Framework、部署 Service 類型，其中包含到 VM、Function App 或 WebApps，最後建立 DevOps 的專案組織。

● **方法二：透過 DevOps Portal 登入，建立空白組織並做後續安全設置**

透過下圖中 DevOps 管理介面 Azure 管理帳戶登入成功[2]後，一開始是建立 DevOps 專案組織，故沒有任何專案任務執行都會是空白的，本次示範是以安全的角度出發，簡易點出需要注意的地方，故重點非程式部署。

STEP 01　圖 6-35 中❶ DevOps 透過 Azure 訂閱 Owner 權限帳戶登入後，透過❷至❸新增一個私有專案，並很快建立完成。

---

[2]　URL https://app.vssps.visualstudio.com/_signedin。

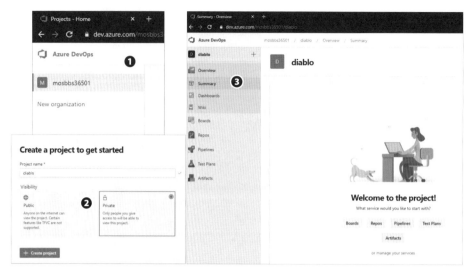

介圖 6-35　建立 DevOps 的初始專案

STEP 02　圖 6-36 中其實這樣一個敏捷開發環境更需要在出品環境前就能夠經過安全性的測試，透過右上角圖示的❹下拉找到管理延伸模組，❺至❻可以直接搜尋關鍵字如：「Code Security」，並可以視需求有付費跟免費以及需求功能來做安裝動作。

介圖 6-36　透過 DevOps 中市集來選擇程式安全的檢測工具

STEP **03**　圖 6-37 中❼至❽安裝過程中會選擇剛剛所登入的 DevOps 組織並安裝完成，最後❾組織設定中，找到延伸模組並確認所選擇的 AzSK CI/CD 安全工具狀態為已安裝。選擇此工具主要是能作為 ARM 範本的檢查，以及檢查部署的資源與安全配置驗證測試之用。

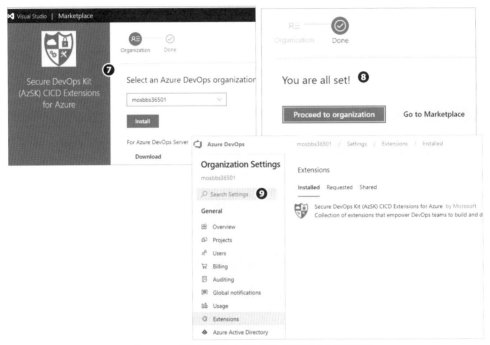

🔊圖 6-37　延伸模組中安裝程式碼安全監視工具

STEP **04**　圖 6-38 中❿至⓫回到 DevOps 管理介面，從組織角度設定其安全原則，包含是否允許對第三方開放存取授權，是否允許公開專案或邀請 GitHub 社群用戶。⓬則是在專案組織分權上，應該要依照任務分配可適的授權，而非完全存取。

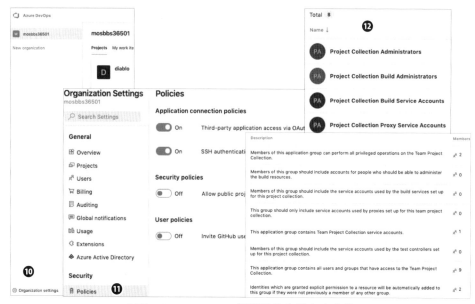

● 圖 6-38　DevOps 從組織角度設定安全性

STEP 05　圖 6-39 中❸至❶則是進入到專案範疇的範疇，透過專案授權帳戶本身給予適
合的權限外，還可更細部決定所被賦予的授權，在每個執行任務下的細則，
都可以視整個開發部署整合，測試每個環境的安全考量來做縮減可適性。

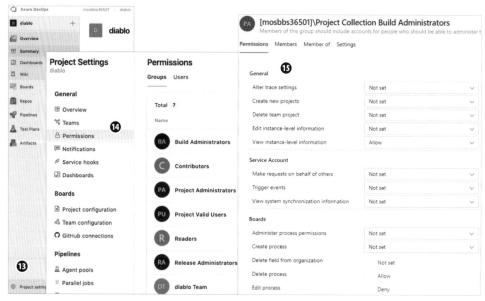

● 圖 6-39　DevOps 從專案角度設定安全性

結語

八邇頓所帶領的軍團，最終在泰尼伯爾率眾天使的阻擋之下而敗興而歸，但暗黑的勢力永遠不會平息，這只是一個暫時停止的過程。只要我們有任何一個閃失，舊痕仍舊可能會由勝轉衰，是不是就如同我們現實生活周遭的安全危機一樣呢？

如此漫長的黑暗夜晚並不好受，黑暗與光明一直是正邪不兩立的永久戲碼，雙方就不能好好握手言和，假戲真做一下嘛！。本篇路徑一路從網路、身分驗證、平台、主機，一直到「資料安全」關關難過關關過。

咬牙過著假文青寫作的日子，終於走到了人生的盡頭。不對！我好像還有呼吸，是書末的盡頭啦！看到盡頭的曙光時，心情上真是格外輕鬆，發文最終章我來了！

資訊安全就如同前言所述相呼應，假設一切都如此和平共生共存。沒有犯罪，何來安全之有。但世界不過就是我們與惡之間的距離，像一個頻譜、一個念頭在此時時空背景當下，世俗認知的善良者可能也會起心動念而有惡的念頭，反之大惡者也會有讓黑吃黑的既得利益者崩潰。其實套用回資安也是一樣，只是用科技行為來達到人性善惡的目標。

資安攻擊威脅事件不出網路、軟體原始碼、作業系統及資安意識薄弱等，隨著血淋淋事件映入眼簾，人們開始記取前車之鑑。一旦手法換裝上陣，脆弱的人性始終是備受攻擊的主要核心，唯有不斷精進強化自身資訊安全意識，在各事件領域都保持開放的學習心態，理解每個應用領域的基礎原理，搭配強烈的好奇心，安全實作累積安全經驗，才是唯一能輕鬆笑看世界的王者，共勉之，謝謝書前支持小弟的讀者，非常感謝，小弟下台一鞠躬！

精誠軟體服務
SYSTEX Software & Service

更多詳情請掃描　精誠軟體相關連結

關注趨勢
力求卓越

接軌國際原廠，打造 IT服務生態圈，為客戶走在最前端。

量身規劃
力求滿意

提供多元應用系統、IT資源，為客戶需求量身規劃最適切的解決方案。

專業服務
力求效率

專業分工，具備國際原廠專業認證;技術佈局全台，專業服務無縫隙。

資源整合
力求完整

結合精誠集團全方位的科技應用、數據創新、維運管理生態系，是客戶數位轉型首選策略夥伴。

精誠軟體服務
SYSTEX Software & Service

授權管理必備 i 授權

自動化設定 Microsoft 365 授權，管理不用親自動手

運用智慧輔助，落實高效管理術

2020年一場疫情危機證明，企業組織營運流程是否嵌入數位基因、員工是否有足夠數位素養能運用科技工具維持正常營運，影響企業發展甚至存亡。為了實現高效辦公的需求，企業為員工裝備數位工具，但在開放使用線上服務的狀況下，管理更需要落實安全且自動化，才能真正讓企業邁入數位轉型。

精誠軟體服務 i 授權能協助自動化管理Microsoft 365雲端授權，不管是授權核發、服務開放/關閉設定，都可以透過自動化的機制完成。只要做好角色與權限的設定，新人報到、員工離職、職務異動全都不需重新設定，i 授權用智慧讓管理發揮好效率。

官網介紹

角色與授權設定

- 角色： 經理
- 授權： Office 365 E3

取消 下一步

應用程式權限設定

- 角色： 資訊-管理員
- 授權： Office 365 E5

取消 下一步

角色與權限控管

授權配置設定

新增

身份別	狀態	授權	授權細項啟用數量	配置	編輯
部長	在職	Office 365 E5	2	查看	編輯
經理	在職	Office 365 E3	1	查看	編輯
專員	在職	Office 365 E1	6	查看	編輯
行政	在職	Microsoft 365 Apps for Enterprise	1	查看	編輯
櫃台	在職	Office 365 F3	0	查看	編輯

顯示第 1 到第 5 項記錄，總共 5 項記錄

精誠軟體服務
SYSTEX Software & Service

精誠軟體服務專注於提供客戶全面性的 IT 生態圈優質資訊服務，秉持著「關注趨勢、追求卓越」的精神，致力於關技術的發展與應用。我們協助客戶用科技的力量帶動創新，矢志提供具前瞻性功能的解決方案以應對瞬息萬變的